西方哲学大师经典精粹

【奥】西格蒙德·弗洛伊德 著

谭慧 译

弗洛伊德
的精神分析哲学
Sigmund Freud

灵魂与身体总有一个在路上

吉林出版集团股份有限公司

图书在版编目（CIP）数据

弗洛伊德：灵魂与身体总有一个在路上/（奥）西格蒙德·弗洛伊德著；谭慧译. —长春：吉林出版集团股份有限公司，2018.3
　　ISBN 978-7-5581-4635-0

Ⅰ.①弗… Ⅱ.①西…②谭… Ⅲ.①弗洛伊德（Freud, Sigmmund 1856-1939）—哲学思想 Ⅳ.① B84-065

中国版本图书馆 CIP 数据核字（2018）第 008563 号

弗洛伊德：灵魂与身体总有一个在路上

著　　者	［奥］西格蒙德·弗洛伊德
译　　者	谭　慧
责任编辑	齐　琳　史俊南
封面设计	颜　森
开　　本	710mm×1000mm　1/16
字　　数	100 千字
印　　张	14
版　　次	2018 年 8 月第 1 版
印　　次	2022 年 10 月第 2 次印刷

出　　版	吉林出版集团股份有限公司
电　　话	总编办：010-63109269
	发行部：010-69584388
印　　刷	三河市悦鑫印务有限公司

ISBN 978-7-5581-4635-0　　　　　　　　定价：39.80 元
如出现印装质量问题，调换联系电话：010-59625116
版权所有　侵权必究

梦有如那骗子,做梦者本身就是那国王。

——弗洛伊德

前　言

人们为什么会做各种奇怪的梦？

梦向我们暗示了什么？

俄狄浦斯情结是怎样产生的？

初恋的影子为什么总是挥之不去？

为什么彼此相爱却提不起"性致"？

……

有人说，梦是神对世人的预示，是神与人的联系方式，这是预兆说；还有人说，梦不过是神经传导中电信号的不规则反映，没有实际的心理意义，此谓生理说；而在印度教中，梦被看作人生，人的一生不过是繁杂而漫长的梦幻而已……如此，关于梦的本质众说纷纭。直到1900年，有一个人凭借"梦"著书立说，开创门派，由此拨开了历史的迷雾，揭示了梦真正的心理学内涵，他也因此而成了这门学科的一代宗师。

他，就是弗洛伊德。

弗洛伊德也许是很多人认识的第一个心理学家。然而，仅仅把他称为心理学家，实在太小瞧了他。《梦的解析》的出版，如火炬般照亮了人类深层的心理活动，揭示了许多隐藏于人们心理深层的奥秘。该书不仅为人类潜意识的学说奠定了牢固的基础，还建立了人类认识自己的新的里程碑。书中包含了许多对文学、神话、教育等领域具有启示性的观点，引导了整个20世纪的人类文明，弗洛伊德也成为一个时代的文化符号。甚至于，说他从某种角度上启发了整个西方现代、后现代艺术，也不为过。

弗洛伊德终生从事著述和临床治疗，他以毕生精力研究了未曾被人们关注的潜意识，创立了精神分析学，拓宽了心理学的研究领域。他的思想极为深刻，分析精细，推断层层递进，构思步步深入。探讨问题时，他经常引述历代文学、历史、哲学、医学、宗教等资料，这也是其精神分析内容极其丰富的根源。

正如人类历史上许许多多的人物一样，他的出现并没有受到人们的欢迎——不是被当成异类，就是被视为洪水猛兽。他的学说极具反传统性，从诞生初起就颇受非议，被学术界和社会舆论群起而攻之，他的思想也被人们误解歪曲，被世人唾骂及冷落。尤其是他冒着天下之大不韪，以惊世骇俗之姿将讳莫如深的性作为核心研究要素时，他几乎被所有人嘲讽，成了当时学术界极不受欢迎的人，之后更是常年坐冷板凳。

然而，这位"离经叛道"的精神分析大师仍然不改初衷，我行我素。他固执而强硬，始终与那些反对、嘲笑他的声音抗辩着，从未屈服。在不到20年的时间里，他又写了约80篇论文和9本著作，继续阐述、宣传自己的精神分析理论。

在当时保守的氛围下，敢于提出如此离经叛道的理论需要很大的勇气。因此，弗洛伊德之所以是弗洛伊德，不仅因为他的聪明和努力，更因为他的执着和勇气。在灰暗的星空下，在那连上帝都沉睡的夜里，他坚持不懈，只为捍卫真理。

幸运的是，并非所有人的思想都那么狭隘虚伪，社会的进步使这位大师有了一定的发展空间。他创造的心理分析理论，作为现代心理学的一个重要流派，因其在治疗神经官能症中的运用及广泛传播，得到了人们越来越广泛的认同。

弗洛伊德从研究病人的病理出发，窥探到了人类心灵世界的秘密，此可谓伟大的创举，也是其理论终于赢得世人瞩目的原因。尽管有人把他贬得一文不值，甚至说他是写淫秽作品的"下流作家"，但他随后却拥有了众多的读者及崇拜者，其创立的心理分析学派也成了心理学领域中最有影响的派别之一，人们还把他与爱因斯坦、马克思并称为"改变现代思想的三个犹太人"——能与后两者并驾齐驱，弗洛伊德在心理学领域的贡献可见一斑。

第一次世界大战以后，弗洛伊德的心理分析理论逐渐渗透到文学、艺术、哲学、教育、宗教等领域，在随后的几十年中，得到了更为广泛的传播，并影响了社会科学及社会生活的各个方面。例如，他直接启蒙并促成了达达主义、超现实主义的诞生，间接刺激了性解放运动及女权主义运动。而在后世，更有无数艺术家视其为精神领袖，创造出了形形色色的作品。可以说，凡是与人类精神生活有关的文化科学活动，以及探讨人类本质和命运的各种学说，或多或少都受到了心理分析理论的影响。

正是在这个意义上，弗洛伊德为人类思想提供了一个崭新的思路，以至于在100多年后的今天，他的理论依然深入人心，不仅对心理学来说是一种必备的积累，对于其他日常知识、人文领域及艺术创作来说，也是不可或缺的环节。

本书重点选择了弗洛伊德关于"梦的解析""精神分析"，以及"性爱与文明"的精华内容，进行编译，成一册其思想的精华录，以飨读者。由于编译者常识有限，不当之处，请各位方家多批评指正。

目 录

梦的解析

解梦的方法 / 003
  别让你的意念被理智限制 / 003
  梦是愿望的实现 / 007

梦的来源 / 016
  童年期的体验 / 016
  肉体与精神刺激 / 021

梦的工作 / 031
  重建梦思间的联系 / 031
  仿同与集锦 / 033
  梦的表现形式 / 037
  梦中的"被禁制感" / 041

梦的象征——典型梦例分析 / 043
  梦到自己裸体 / 043
  梦到亲友故去 / 047
  梦到考试失败 / 057

梦的象征意义 / 058

梦的本质是达成愿望 / 067

精神分析

精神分析——本我、自我与超我 / 075

    自我监视机构的分离 / 075

    超自我的形成是良心的起源 / 078

    超自我是自我理想的载体 / 081

    超自我对自我实施压抑 / 083

    本我、自我、超自我怎样和谐统一 / 085

性本能与死亡本能 / 088

    性本能与死亡本能的融合 / 088

    自我通过力比多帮助本我 / 090

暗示感受性与力比多 / 095

群居本能 / 100

自我理想 / 105

一般的神经质 / 110

    自我与精神官能症 / 110

    精神官能症靠原欲维系 / 114

    精神官能症与精神神经症的关系 / 118

焦虑是心理问题的核心 / 120

    焦虑与预期心 / 120

　　　　精神官能症的三种焦虑 / 123

　　　　焦虑为自我躲避原欲 / 125

　　压抑是为躲避不愉快 / 132

　　　　原始压抑与固有压抑 / 132

　　　　压抑是为了躲避不快乐 / 135

　　　　压抑机制 / 138

　　移情 / 143

　　　　将无意识化为意识 / 143

　　　　潜抑作用与抗拒作用 / 146

　　　　转移关系 / 151

　　女性气质 / 155

　　　　女性气质的觉醒 / 155

　　　　阉割情结 / 158

　　　　女性男性化情结 / 163

　　　　自居作用 / 165

性爱与文明

　　人类与性 / 171

　　　　倒错倾向 / 171

　　　　儿童期性欲 / 175

　　　　性好奇 / 178

　　　　男人的对象选择 / 179

情欲退化现象 / 186
　　处女禁忌 / 191
性道德与现代人的神经质 / 198
　　文明的性道德 / 198
　　现代文明建立在压制本能的基础上 / 202
　　三个时期的性道德要求 / 205
　　禁欲 / 207

梦的解析

解梦的方法

别让你的意念被理智限制

我们对梦进行解释需要以"梦是可以被解释的"为前提。通常人们对梦的看法认为,梦在根本上并不是一种心理活动,而是一种肉体活动,并利用符号展现在感官上。有些外行认为梦是完全不符合逻辑的,是荒谬的,但他们却没有否认梦具有意义。因此,我们认为,梦存在着某种意义,如何解析梦成为我们研究的内容。

当今,存在两种完全不同的梦的解析方法。一种被称为"符号解梦法",即把整个梦作为一个整体,将梦中的内容作为符号用相似原则折射到现实事物中,以预测未来。例如,

弗洛伊德：灵魂与身体总有一个在路上
fu luo yi de
　　ling hun yu shen ti zong you yi ge zai lu shang

《圣经》上有一段讲，法老做了个"先出现7头健壮的牛，又出现7头瘦弱的牛，瘦弱的牛将那7头健硕的牛吃掉"的梦。约瑟夫将这个梦解释为：埃及将会有7个饥荒的年头，而且这7年会把之前丰收的7年盈余都消耗完。这种利用符号解析梦的方法只是一种主观推测和直觉反应，并且难以解释那种极不合理、荒谬的梦。由此，解梦被认为是只属于天生具有灵性的算命先生的专职。另一种方法被称为"密码法"，即把梦当作一种密码，其中每个密码代号都能用其他具有意义的内容逐个解析，然后再将这些解析结合起来。例如，我梦到信和丧体，查找解梦密码册得出的结论是信是懊悔的代号，丧体则代表订婚，然后，再为这些完全不相关的代号寻找关联，编织出对将来的预示。有些人不仅会关注梦本身的内容，还会关注做梦者的品格、社会地位等。也就是说，同一内容的梦，对不同的做梦者具有完全不同的意义。这种方法比较方便解释那些矛盾的、荒诞奇异的梦。很明显，从科学的角度讲，上面这两种梦的解析方法都不可靠。符号法不能被广泛运用，密码法所依赖的密码代号又缺乏科学依据。

我坚信梦有某种意义，也存在科学的梦的解析方法。我受约瑟夫、布劳尔"将歇斯底里性恐惧症、强迫意念等几种精神病态视为一种症状，尽可能在病人以往精神生活中寻找发病根源，并实施治疗促使症状消失，让病人复原"理论的影响，开始进行自己的研究，并接触到梦的解析问题。

我要求病人将有关某个问题所产生过的意念、想法都告诉我。由此，我发现在他们的意念和想法中会涉及他们的梦。因此我认为，应该能够把梦当作将某种病态意念追溯到昔日的桥梁，或者把梦当作一种症状，利用梦的解释寻找病源，从而展开治疗，使病人复原。

在研究中我注意到，人在反省的时候往往比在观察自己的时候产生的心理活动量大。当一个人在反省的时候，往往会有愁眉苦脸的表情，而当他在观察自己的时候，表情则往往轻松闲适。因此，为了实施这项工作，我制定了一系列对病人的要求。病人应当特别关注自己，并且能够如实反映自己内心的全部感受和想法，要尽量减少习惯性的分析和对这些感受及想法的评判。

为了使他们认识到这些要求的重要性，我强调治疗效果直接受到对这些想法和意念分析的准确程度的影响，而对想法和意念的分析取决于病人是否将所有的内心感受全盘说出，而不会因为自己认为那是不重要、不相干的，或是愚蠢的，从而将这些想法隐藏起来。一旦他们的梦、意念或其他病状无法理想地被解决时，治疗将会受到阻碍。病人必须保证自己能够对各种意念都绝对公平，严格遵守绝对不容许内心浮现出任何批判的原则。为能最大限度地达到这个标准，我尽量让病人以轻松的方式躺在休息椅上，仿佛睡觉一般闭上双眼。

弗洛伊德：灵魂与身体总有一个在路上

但我们很快发现人们不自觉的心理评判往往会抑制自己全盘托出自己内心真实的意念和想法。正如席勒在1788年12月1日写给哥尔纳的信中对一位抱怨自己缺乏创作力的朋友解释的那样："你的抱怨来自你的理智对你的想象力的限制。当理智对已经产生的意念进行非常严格的检查时，自然扼杀了心灵的创作力。也许一个意念可能没有意义，甚至非常可笑，但由它产生的其他意念，可能会有价值。或者也许几个意念都是荒谬的，但结合在一起可能是非常有意义的。理智并不能评判所有的意念。而一个具有创作力的心能够先保留所有的意念，而后再做评判。你的创造力正是被那可贵的评判能力无法容忍创造力所产生的意念的短暂混乱抹杀的。一位有思想的艺术家与一般做梦者的区别就在于对内心产生意念的容忍能力。你之所以觉得自己没有创造力，就是因为你对自己的意念评判得太早、太苛刻了。"

事实上，席勒提到的容忍内心产生的意念并不困难。我的大多数病人在我第一次指导后都能做到，正如我自己能轻易地逐一记下闪过心头的所有想法一样。长此下去，这种批判活动消耗的精神能量会逐渐减少，自我观察的能量自然会逐渐增多，当然这取决于人对物所耗费的注意力的多少。

这种方法运用的第一步告诉我们，一个人很难将注意力集中于整个梦中，而只能对各个部分逐一解释。正如当我问一个没有经验的病人"这个梦跟你有什么关系"时，他很难说出个所以然来。因此，我会将他的梦分解成若干片段，然后让他就每个片段依次告诉我其中隐含的意念。这与之前提到的密码法相近。

梦是愿望的实现

我曾对1000多个患者的梦做出解释，但由于这些梦往往包含心理病态的根源，因此不能用其去解释普通正常人的梦。而我接触过的健康朋友的梦，只不过是偶尔的闲谈，无法进行系统的分析来寻求其真实的意义，因为我的方法比密码法难点儿。我认为同一个梦对不同的人、不同的关联存在不同的意义，而不能用千篇一律的密码解读册得出结论。因此，我只能用自己的几近正常人所做的梦来完成分析。当然，对自己的梦的解析的真实可靠程度，分析的不确定性等问题自然也存在。但自我观察比观察别人要更具体些，同时可以检测自我分析的效果如何。然而，自我观察仍需克服许多困难。人总是不愿意公开自己内心的真实意念，同时也不希望别人对它们产生误解。一个人应当有勇气超越这些顾虑。我相信，梦的解析给你们带来的兴趣能够让你们谅解我的轻率。在这里，我将用自己的梦来阐述我的解梦方法。

1895年夏天，我对一位叫伊玛的女患者的治疗进展得不是很顺利。治疗仅仅使她的歇斯底里焦虑得到好转，但生理上的疾病却没有变好。我们两家交情很深，我担心治疗的失败会影响到我们的关系。那时候，我并不知道"歇斯底里症"确切的医治标准，我以为有更好的、更彻底的治疗方法，但因为遭到患者的反对而使治疗中止。

后来有一天，我的同事奥图医生告诉我他拜访了伊玛。我从他口中得知，伊玛的近况似乎好转了一点儿，但仍没有太大起色。从他说话的语气中我能明显感觉到他对我的不满，我知道这一定是那些不赞成伊玛找我治疗的亲友们向奥图数落了我的不是。不过当时我并没有在意心中的不快，也没有跟别人诉说过这件事。只是当晚将这种不快转化成文字，把治疗伊玛的整个过程写下，寄给一位可以称得上是权威的同事——M医师，想让他看看我的治疗到底有没有问题。也就是那天晚上或是第二天凌晨，我做了这个梦，下面是我醒来后立刻写下的。

在一个满是宾客的大厅里，我看到了伊玛，我走到她跟前，第一句话就是质问她为什么不肯接受我的治疗方法，并且告诉她如果她的病仍然没有好转的话跟我没有关系。但她却告诉我，她最近喉咙、肚子和胃都非常疼。这时候，我才注意到她的脸色苍白，又有些浮肿。我不由得开始琢磨自己之前可能忽略了一些问题。为了看得更清楚，我把她带到窗户边，借着亮光检查她的喉咙，虽然我不认为需要检查这些。因为戴着假牙，她有些不情愿地张开嘴巴。结果，我发现在她右边喉咙口有一块大白斑，其他地方则布满许多小白斑，看起来有点儿像鼻子里的鼻甲骨。因此，我马上找来M医师再次给她做了一次检查，结果跟我的一样。M医师看上去脸色苍白，脸上的胡子刮得很干净，走路却有点跛。这时候，奥图也站在伊玛身旁，还有一个叫里奥波德的医生则在她的衣服外面听诊她的胸部，说："在胸部的左下方有浊音。"虽隔着衣服，但我能摸到她左肩的皮肤有渗透性病灶的伤口。M医师说："这绝对是由细菌感染导致的，不过不用担心，拉一次肚子把毒排出来就没事了。"我们都十分清楚这是由不久前奥图给伊玛打的针导致的。人们不会轻易使用这种药，而且奥图给伊玛注射的时候针筒很可能不够干净。

分析："满是宾客的大厅"：那年夏天，我们正住在维也纳近郊附近山中的一栋用来避暑的别墅里，房间都高大宽敞。做梦的第二天就是我妻子的生日，在做这梦的前一天，我妻子跟我讨论过她生日当天怎样安排宴会的事情，还列出了要邀请的宾客名单，伊玛正好在这份名单中。所以，我的梦里会有这个宴会的情景。

"我责怪伊玛没有接受我的治疗方法，并且告诉她如果她的病仍然没有好转的话跟我没有关系"：在我清醒的时候，也有可能说过这些话。那时，我认为自己的工作只是告诉患者什么是疾病所隐藏的病因，而他们是否会接受我的治疗方法则不是我的工作职责。因此，在梦中我的话只不过是想说明她的病这么长时间都没好是因为她自己不肯接受治疗，而不是因为我医治不了。

"伊玛说自己最近喉咙、肚子和胃都非常疼"：胃疼是她最开始找我看病的时候就有的症状，不过那时候不算严重，最多也就是胃里不舒服、想呕吐。但喉咙疼和肚子疼却没有发生过，我自己也不清楚在梦中为什么会替她捏造这些症状。

"她的脸色苍白，又有些浮肿"：现实中伊玛一直都是脸色红润，也许在梦中我把别的病人的症状放到她身上了。

"我不由得开始琢磨自己之前可能忽略了一些问题"：精神病医生时常会把别的医生诊断为器官性问题的病当作歇斯底里症来治疗。也许正是这种心理让我的梦中出现了这个片段。同时，如果伊玛的病真是由器官性问题导致的，自然不能用心理治疗来治好，这样我就不需要因为这次的失败而难过。所以，可能在我的内心深处更希望伊玛没有选择精神科医生为她治病。

"为了看得更清楚，我把她带到窗户边，借着亮光检查她的喉咙，虽然我不认为需要检查这些。因为戴着假牙，她有些不情愿地张开嘴巴"：在给伊玛治疗时，我从来没有检查过她的口腔。这个情景出现，大概是因为我曾有一位年轻漂亮但戴着假牙的贵妇患者，她每次张开嘴巴，都会遮掩她的假牙。觉得"不需要检查这些"是因为之前我拜访伊玛的一位朋友，那天她恰恰站在窗户边让M医师检查口腔。结果就发现她的喉咙口有白喉的伪膜。分析到这里，我发现自己其实一直怀疑她有歇斯底里症,并且期待着这位朋友找我来帮她看病。接着,我又想到另一个人,她不是我的病人,只是她有一次全身浮肿。看来我是同时将几个女人的症状都放到了伊玛身上,而这样做的原因大概是她们都拒绝了我的治疗。

"我发现在她右边喉咙口有一块大白斑,其他地方则布满许多小白斑,看起来有点儿像鼻子里的鼻甲骨":白斑除了让我想到伊玛的朋友,还有就是两年前我大女儿的不幸,以及那段时间的许多磨难。"鼻甲骨"让我联想到那时候为治疗鼻子肿痛,我服用了大量的古柯碱。而几天前,我听说有个患者因为服用大量的古柯碱使鼻黏膜大块坏死。因此,我在1884年大力推荐的古柯碱遭到反对,且我有位朋友又因大量服用古柯碱而过早死亡。

"我马上找来M医师再次给她做了一次检查":这让我想起曾经一次非常糟糕的行医经历:当双乙磺丙烷(一种安眠药)还被广泛使用的时候,我给一位女病人开过这种药。但她服用后产生了严重的不良反应,那时我只得求助前辈。现在想起这件事,我联想到她和我死去的大女儿都叫玛迪拉。我害了她,血债血还,自己的骨肉也夭折了。看来在潜意识里,我时常因为这些失败责怪自己。

"M医师看上去脸色苍白,脸上的胡子刮得很干净,走路却有点跛":现实中的M医师脸色一直是苍白的,为此我

弗洛伊德：灵魂与身体总有一个在路上
fu luo yi de
　　ling hun yu shen ti zong you yi ge zai lu shang

们非常担心他。不过，刮胡子和跛脚却是我在国外的兄长的特点，他经常把胡子刮得干干净净。前几天来信又说最近因为关节炎而行动不便。至于为什么兄长的特点都出现在M医师身上？大概是因为他俩都曾反对我的意见，影响到了我和他们的关系。

"奥图也站在伊玛身旁，还有一个叫里奥波德的医生则在她的衣服外面听诊她的胸部，说'在胸部的左下方有浊音'"：里奥波德和奥图是亲戚，因为两人都是内科医生，竞争比较激烈。里奥波德很细心，奥图却是个急性子。在梦里，我显然更喜欢里奥波德。"浊音"则让我想到一次门诊，当时我和奥图看不出有什么问题，里奥波德则发现了浊音，后来确诊为结核病。我想自己把他和伊玛联系起来大概是希望伊玛像那病人一样，能够确诊疾病，而不是像现在这样难以判断得了什么病。

"我摸到她左肩皮肤有渗透性病灶的伤口"：左肩是我风湿痛的部位，渗透性病灶很少指皮肤的病，大多用来指肺部的病。这显然又一次说明我内心多么希望伊玛患的是极易诊断的结核病。

"虽隔着衣服"：我在儿童诊所看病时常常要求病人脱光衣服做检查，但大多数女性不会脱衣服。一个有名的医生因为隔着衣服就能看出病因而深受女病人的欢迎。梦里会有"隔着衣服"的场景，我不知道是为什么。

"M医师说：'这绝对是由细菌感染导致的，不过不用担心，拉一次肚子把毒排出来就没事了'"：病菌感染，显然是人体器官存在病因，而非精神问题。我是精神病医生自然治不了。这大概又是我为减轻自己的责任而设想的情景。梦进行到这里，我内心的道德意识开始发挥作用，我不该期望伊玛得的是容易确诊却很严重的结核病，那太残忍了。所以，梦又向乐观的方向发展，即"只要拉一次肚子就没事了"。但是，只有庸医认为白喉的毒素能通过肠子排出，这里大概是我故意将M医师贬为糊涂大夫了。但几个月前，一个消化不良的病人来看病，别的医生都认为是"贫血、营养不良"，我的诊断却是歇斯底里症。我劝他到国外游玩去散散心。几天前，他从埃及寄来信却说他在埃及又发作一次，当地医生诊断为痢疾。我怀疑当地医生误诊，更责怪自己不该让他到容易感染痢疾的地方去。也许是因为白喉和痢疾的发音相似，所以梦中的白喉可能是痢疾的替代。M医师曾告诉我这样一件事：有个同事请他会诊一个快断气的女患者。他发现她的尿中有大量蛋白质，这表示她的情况很不好，但那同事却不在意。梦中M医生所说的话的用意可能是我有意识嘲笑他看不出伊玛的朋友也许是歇斯底里症。梦中对他的嘲笑只能解释成是我的报复，因为M医师和伊玛都反对我。

"我们都十分清楚"：这显然不合理，因为在发现浊音和渗透前，我压根儿就没想到这会是因为细菌感染引起的。

"不久前奥图给伊玛打了一针"：奥图是去乡村旅舍出急诊，打完针后顺道看望伊玛的。因此，"打针"大概是由此想到的。同时，又让我想到一位朋友因为服用大量古柯碱而死掉的事。那是我的建议，但没想到他没有戒掉吗啡就注射了大量古柯碱。不管怎样，我在很长一段时间内都为此事埋怨自己。

"人们不会轻易使用这种药"：这显然是把问题的制造者假定为奥图。做梦当天奥图说话的语气让我耿耿于怀。打针又让我联想到过量使用古柯碱而死的朋友和那可怜的玛迪拉。我想借梦对反对自己的人进行报复，同时推卸自己的责任。但根本原因则是自责和懊悔。

"很可能针筒不够干净"：又是指责奥图。有位82岁的老妇人，两年来她一直靠我每天给她打两针吗啡来维持生命。但她近来搬到农村居住，让别的大夫给她打针却导致了静脉炎。我为自己两年来从没出过问题而自豪，这说明我行医还是谨慎的。"针筒不干净"，又让我回忆起我妻子怀孕快生玛迪拉时，因为打针导致血栓症。这样看来，我在梦中把伊玛和我夭折的玛迪拉合为一体了。

这就是我的梦的解析的方法和过程。在解析中，我尽量将梦的真实意义展现给读者。通过解析得出，我之所以做了这个梦是为了达成我的几个愿望，而这些愿望是由奥图说的话和我的临床经历引起的，另外，还有对M医师和一些不听从我的意见的病人的不满。我做这个梦一方面是为了报复他们，更主要的则是为自己开脱以减轻负罪感。由此可以得出：梦的动机在于达成某种愿望。

  我并不苛求自己能完整精确地解析梦的意义。但遵循这种梦的解析方法，可以得出梦具有意义的结论，它代表一种愿望的达成。

弗洛伊德：灵魂与身体总有一个在路上
fu luo yi de
ling hun yu shen ti zong you yi ge zai lu shang

梦的来源

童年期的体验

我们发现，梦还有重现我们在清醒状态下忘却的童年时期体验的特点。但当我们从梦中醒来会或多或少遗忘一些梦中的情景，因此想要弄清这些童年时期体验的梦发生的频率很困难。我们想用客观的方法证实这个特点，但寻找这样的实例却不容易。茅里曾有这样一段描述：有个人决定回到他已离开了20年的故乡，动身当晚梦到自己在一个非常陌生的地方，与一个陌生人聊天。当他回到故乡后才发现，梦中那个陌生的地方正是故乡附近的景色，梦中的陌生人就住在那里，是他父亲生前的一位好友。显然，这梦重现了他儿时对故乡和故人的记忆，也呈现出他急切回乡的心情。当然，这些需要通过分析才能得出。

有位同事告诉我，他曾做过这样的梦：在他11岁时，离开他家的女佣和他以前的家庭老师睡在一起，事情发生的地点都非常清晰。他把这梦告诉了他哥哥，没想到哥哥说这是真的。那时他哥哥6岁，能清楚记得每当家里没有大人时，这对男女便拿啤酒把他哥哥灌醉，觉得3岁的他不懂事，便让他待在女佣的房间里，他们却干起那种事。

还有一些童年时就做过，到成年后依然会出现的被称为"常年重复出现"的梦。一位30多岁的医生告诉我，他从小时候到现在经常梦到一只黄色的狮子，而且他能清楚地描绘这狮子的形象。后来他发现一只瓷做的狮子，母亲说这是他小时候最喜欢的玩具。只是他自己想不起这只狮子了。

还有这样一种梦：在解析过程中得出的梦的愿望和愿望的达成都源于童年时。通常情况下，我们只有非常细致地解析梦，才能找到童年时期体验的蛛丝马迹。因为我们无法找到确切的证据证明童年时期体验的存在，更何况如果是更早时期的记忆就更难分辨了，所以只有收集大量的因素才能获得"梦能重现童年时期体验"的理论。在解析梦的过程中，我们常常只是把童年时的记忆从全部经验中抽取出来。这自然难以让人信服，特别是我有时不能把真正做精神分析的所有资料都引用过来。

弗洛伊德：灵魂与身体总有一个在路上

这是个男人的梦：他看见两个男孩扭打在一起，从他们身边放的工具可以看出，他们可能是箍桶匠的儿子。一个戴着蓝石子做的耳环的孩子被摔倒了，他抓住一根木竿，爬起来追那对手，但另一个孩子跑到篱笆旁边站着的一位散工妻子的背后，似乎是他的母亲。刚开始她背对着做梦的人，后来转过头用可怕的表情瞪着他。他便因为害怕跑开了。那女人下眼皮泛出赤红色并突出来——这个梦来源于很多他做梦当天的琐碎小事——那天，他确实看到两个孩子在街上打架，有一个摔倒了。当他跑过去想劝阻时，孩子很快都跑掉了。"女人站在篱笆旁边"：当天两个孩子跑掉后，他曾到多瑙河畔散步，因为四下无人，他便到篱笆旁边解手，刚解完一会儿，就看到走过来一位雍容华贵的老妇人开心地跟他打招呼，还给了他一张名片。"可怕的表情"和"赤红色的肉突出来"则是因为小时候有一次他摔倒过一个女孩，他也曾看到过一个女孩蹲着小便，而这两次他都有机会偷看女孩的性器官。他坦言曾因为对这方面太好奇而遭到过父亲严惩。

这些可追寻到童年时期的梦大多来自我的患者，而且是记忆模糊或根本不记得的3岁前的事。因为是心理病人，特别是歇斯底里症病人，使得梦中的情景受到心理症影响而歪曲，所以由此推广到所有的梦是行不通的。下面以我的可以只用童年体验就能解析出来的梦为例来证明这个理论。

一次旅行归来，我又累又饿，一躺到床上便睡着了，而饥饿让我做了这个梦：我跑到厨房里想找几根香肠吃。厨房里站着3个女人，女主人手上正在卷着汤团之类的东西，我没听清她和我说的话，大概是要我稍等片刻，做好菜后会叫我。我不高兴地走出来，穿上一件大衣，但因为太长又脱了下来，又发现一件铺着一层贵重毛皮的大衣。接着，我又拿起一件绣着土耳其风格图案的外衣。这时，走来一个长脸、留着短胡子的陌生人，说这外套是他的，不让我拿走。我告诉他这外套上有土耳其风格的图案，他却很不客气地说这和我没有关系。不过，没多久我们之间就变得友善起来。

在解析这个梦时，我联想到罗马神话中执掌人类命运的3位巴尔希女神。我在梦中清楚地知道那位女主人已经是妈妈了。就我来说，妈妈是给我生命和营养的第一人，唯有母亲的乳房能释放爱并解救我的饥饿。而巴尔希女神中有一位双掌相摩仿佛在做汤团，不过这种分析有些奇怪。倒是在我6岁时，妈妈告诉我，人是来自大自然的尘沙，最终也会化为尘沙。我不相信这种说法，妈妈便仿佛梦中女主人揉汤团一般，双掌用力摩擦，而后把摩擦下的表皮层鳞屑给我看，以证明人来自尘埃。虽然对这样的行为感到惊讶，不过我也勉强接受了我们都会化为尘土离开人世的观点。小时候我确实常常因为肚子饿跑到厨房偷吃，却总被灶旁的妈妈数落，并叫我等到饭菜都做好后再吃饭。看来，梦中的3个女人的确是这掌管人间命运的3位女神了。而"汤团"则让我想到

弗洛伊德：灵魂与身体总有一个在路上
fu luo yi de
ling hun yu shen ti zong you yi ge zai lu shang

大学时一位组织学老师曾控告一位名叫克诺洛的人剽窃他的作品，剽窃不正是占有不属于自己的东西吗？

剽窃让我想到自己被认为是常在嘈杂的剧院讲堂里偷大衣的贼，剽窃或许也是这个梦隐含的一种意义。我从一本旧小说引出克诺洛事件和大衣。德文中的"大衣"还有几个意思：套头毛线衣、性交所用的保险套。看来也许这里还涉及一些关于性的问题，只是这样的联想有些牵强。梦中长脸短胡子、阻止我穿第二件大衣的人，像是经常将土耳其布料卖给我妻子的斯巴拉多商人。他的名字很怪，叫宝宝比。就像贝拉姬、克诺洛一样因为名字发音近似产生的联想，让我想起童年时我们都喜欢拿别人的名字进行恶作剧的事情。斯巴拉多买布的事让我想起在卡塔罗的一次购物，因为我太谨慎而错失一笔好交易，这应当是由饥饿引出的。

在解梦的过程中，我意识到虽然能从梦的来源和愿望的刺激，经过思维的运行，从童年时找到关联。但这因素能否构成梦的基本条件呢？如果这个想法成立，可以说每个梦的"显意"都与最近经历有关，"隐意"则和很久以前的经历有关。在歇斯底里症病人里，我确实发现早年的经历对他们的影响一直持续到现在。但这还是很难确切地证明。

这里，我从梦的解析中得出——梦常常能看出有好几个意思，并不仅是以上例子所展现的好几个愿望的达成，很可能是一个愿望的达成隐含了另一个愿望的达成，需要经过多层次解析才能找到最初愿望的达成。

肉体与精神刺激

梦的肉体与精神来源

我们可以用梦的来源问题引导普通人对梦的研究产生兴趣。大多数门外汉都信誓旦旦地认为梦是因为消化障碍、睡姿、睡中发生的小事引起的。他们极端地将肉体因素认定为是梦的唯一来源。

肉体刺激分为三种情况：因外部事物引起的客观存在的感官刺激，主观觉察到的内在感官刺激，以及由内脏引发的肉体刺激。人们一直为梦的来源究竟是精神，还是与肉体共同运作，或是根本不存在而争论不休。有人用实验的方法证明肉体来源的可靠性。主观觉察到的内在感官刺激，则能从梦中重现的半睡半醒的感官影像中得出。至于第三种情况，虽然还没有确切的结论，但从简单的饥饿、泌尿及性需求就能得出一些答案。

神经刺激和肉体刺激被认为是梦的解剖学上的来源。因此，很多学者将此作为梦的唯一来源，并坚信如此。但是，他们也必须承认梦中所呈现的丰富意念无法单从外界刺激得出。为此，卡尔金小姐用6个星期对自己的梦和一位实验者的梦就外界感官刺激是否唯一进行实验。结果显示，他们的梦与外界刺激只有13.2%和6.7%的关联。而在他们收集到的所有梦中,只有两个梦和器官感觉有关系。这些数字自然使"肉体刺激是梦的唯一来源"的观点土崩瓦解。

也有人直接将梦的来源分为神经刺激及其他因素。比如,斯匹达就曾将梦分为神经刺激梦和联想梦。但是,只有找到梦的肉体来源与梦的意念之间的关联,才算找到正确答案。

这里还有两个问题能推翻"肉体刺激是梦的唯一来源"的说法。一是为什么很难看出梦中那些外来刺激的真实性质,反而常用其他事物代替?二是为什么内心对这种刺激产生的反应很多变?史特林姆贝尔在《梦的性质及其来源》中这样描述:人在睡眠时,外界或内在的神经刺激在心灵上引发一种刺激,从而唤起内心属于清醒状态时的某些记忆或影响。这些是之前未加工过的附着在精神之上的各种感受,使我们就像在清醒状态下一样,心灵则能解释这些睡眠中因神经刺激而产生的印象。这就是所谓的"神经刺激梦",一种由神经刺激产生精神效果,根据重现原则重现影像的梦。

冯特也认为梦的来源大部分是感官刺激,特别是全身刺激。因而能利用很少的真实记忆引发很多不真实的幻觉。史特林姆贝尔同样认为,梦并非由精神动机引发的精神现象,而是生理刺激的结果,只是被刺激后以精神状态来表现而已。

实际上,每个促使心灵产生幻象的肉体刺激都能引发多种不同内容的梦。生理学家布尔达赫说,在梦中心灵依然可以非常精确地解释感官产生的印象,并做出反应。在睡眠中,对做梦者来说重要的感觉一般都会明显地展现出来并引起做梦者特别的重视。比如，睡着的人在听到自己的名字时会马上醒过来，但对别的声音则没有反应，显然这是建立在"心灵在睡眠中仍能分别各种不同感觉"的前提上的。所以，布尔达赫认为，并非心灵不能解释睡眠中的感官刺激，而是这些刺激没有引起心灵的重视。

但是，我们很难确定即使在最初做梦时肉体刺激马上介入，外界刺激会导致梦的形成。例如，当我睡觉时，我虽然感觉到触摸或压力的刺激，但我还有很多反应可以选择：我可以不理它；我在睡眠中一直感受到这种刺激的存在，但并没有把它加在梦的内容中；我可能因为这种刺激醒来；我也可能因为这种刺激引起梦的发生等多种反应。所以，肉体刺激并不是梦的唯一来源。

现在，我们用一种前人未用的方法分析梦的来源，证明梦具有精神活动的内在价值，是为达成某种愿望，并以前一天的生活经历作为其最明显的材料。

对于这方面的研究，我们已经获得了一些成果，我们发现梦是把同时受到的全部刺激糅合成一个整体作为前提的。梦可以由当天产生的两个或两个以上印象深刻的感受糅合而成；同样，这些具有精神价值的感受又和当天的一些生活经历一起综合成梦的材料。所以，梦实际上是做梦者对睡眠时心灵所受的一切刺激的综合反应。就目前已分析的材料看来，梦包括了精神剩余物和一些记忆，虽然无法证实真实性的本质，但可以充分感受精神上的真实。得出这个结论，我们能更容易预测到睡眠中加入的新刺激和原本存在的真实记忆会综合成怎样的梦。这些真实的肉体刺激自然是梦形成的重要元素，再加上精神刺激，或者说睡眠中的刺激需要和我们熟悉的日常经历产生的精神剩余物结合成某种愿望的达成。但这结合并非一成不变，梦中所受的物理刺激可以产生很多不同的行为。一旦这种合成的产物形成，我们便能从梦的内容里看出各种肉体和精神的来源。

心灵通过愿望检查选择梦的材料

不管梦的材料是什么，梦是愿望的实现，不因肉体刺激加在精神上而改变。我在这里提出几种可能改变外界刺激对梦的意义的特点。

一是外界刺激对梦形成的影响因人而异。梦的形成要看做梦者当时的生理状况，比如，感受到的外界刺激的强度、睡眠深度、对睡眠中所受刺激的反应等。我向来睡得稳，但曾做了个与客观痛苦的肉体刺激有关的梦：我骑着一匹灰色的马，刚开始好像是强忍着害怕练习，后来碰到一位同样骑着装有简单配饰的马的同事甲。他挺直地端坐在马鞍上并提醒我，我的马鞍很差。这时我逐渐觉得自己骑在这匹非常聪明的马身上很轻松，并且越骑越舒服，越来越熟练。我的马鞍是一种涂料，将马颈到马臀的空隙都涂满了。我想摆脱左右两驾篷车。骑进市街一段距离后，我打算停在一座面朝街心的小教堂前，但我似乎觉得在旅馆前下马很丢人，便在距离小教堂不远的另一所小教堂前下了马，牵着马走到同在这条街上的旅馆那儿。旅馆前有个雇童拿着我的一本札记跟我调侃，上面写着一句"不想吃东西"，用双线加注，下面还有一句"不想工作"。这时我突然意识到自己在一座陌生的城镇，在这儿我也没有工作。

显然这是个源于痛苦刺激的梦。做梦前一天，我因长了疖疮，非常疼痛。后来竟在阴囊上方长了苹果大的疖疮，使我更加痛苦。我全身发热、困倦、没有食欲，再加上白天工作繁重，整个人几乎要崩溃了。虽然这样我还能行医，但这病痛无法让我骑马，也因此让我做了这个梦。我确实不会骑马，也没有做过骑马的梦，在现实生活中我也只骑过一回马，我更不喜欢没有马鞍的马。但在梦中，我却骑着马，我的阴囊也没长疖疮。或者说，我梦到骑马是因为我希望自己没长疖疮。根据梦境，马鞍涂料暗指让我不觉疼痛的膏药。或许因此，我最初的几小时睡得很好。但随着疼痛加剧，就让我更加深了"我没有长疮，要不然怎么能够骑马"的愿望，梦就成功地把疼痛压制了下去，促使我继续睡觉。

但梦并非只是用和事实相悖的幼稚意念敷衍疖疮的疼痛。梦所否定的感觉和影像的细节与心灵中存在的记忆有关，且为梦所用。"灰色的"马，颜色正好与胡椒盐相同，这恰好和不久前在村庄碰到我的同事甲警告我说吃了加很多调味品的食物会长疖疮相关。甲自从接替我去治疗那位我曾花费很多心血的女患者以后非常骄傲。那位女患者则像故事《周日骑士》里的马一样随心所欲地驮着我跑，所以梦中的"马"是这位女患者的化身。我觉得"很轻松"是甲接替我在她家照顾她时的感触。城里一位支持我的名医同事最近就我对这位女患者的处理称赞我的称职，更何况在我自己身受疼痛折磨的同时依然坚持每天为患者进行8～10个小时的心理治疗。不过我也清楚没有健康的状态，我无法再坚持这样的工作，就像梦中札记暗示的"不想工作，不想吃东西"那样。再深入分析，我发现这梦是从骑马代表愿望的达成，又重现了童年的一件往事。我和比我大1岁的侄子在小时候经常吵架。梦中那条街道正是我在意大利旅行时看见的威洛纳与西恩那两个城市的景象。再深一层分析则是性，我梦中的城镇很可能是这位未曾到过意大利的女患者所梦见的，还有我那长疖疮的位置。

每个成功的梦都是某种愿望的达成。"睡觉的愿望"使意识自我调整自身感受，梦的检查以及加工润色使梦自然而然地形成。实际上睡眠中的心灵能够正确感知外界刺激，并给出不同程度的喜好反应。所以，只有通过睡眠愿望的检查，这些正确的感受才会呈现在梦中。不过，通过这种检查我们发现，外界对心灵的刺激不止一种，接下来会选出其中和心灵愿望符合的作为梦的材料。所以，梦中的每一个情景都源于真实的存在。对梦的误解也不是幻觉，只是歪曲事实罢了。

当外界的神经刺激和肉体刺激达到引起心灵注意的强度时，就能构造梦的出发点和梦的核心内容，再从这两种刺激产生的意念中寻找一种恰当的愿望达成。我们能够看到很多梦都能从其内容中找到肉体因素，甚至本来不存在的愿望会因梦形成的需求而引发它的存在。所以，梦只为达成某种愿望，其任务在于从某种感觉中找到某种愿望，即使这些材料包含痛苦仍能形成某种梦。心灵则能灵巧地使这些可能引起不快，或根本不矛盾冲突的材料，经过检查达成绝对合理的愿望。

焦虑梦的潜抑原欲

众所周知，在我们的精神生活里，有很多心灵"原本系统"受潜抑的愿望因"续发系统"的压力不能达成。我们不以"时间性的存在"（最初存在，后被摧毁而消失）区分这两者。我们研究心理症需要具备"潜抑作用"的观念，其原则是，它只是因为某种重压而被暂时抑制，并非永远消失。一旦这些受压制的愿望出现，续发系统的压制力消失，心理源便表现为愿望需达成。总之，当睡眠中产生一种肉体上的不愉快时，梦可以将之利用起来以达成某种原本受压抑的愿望。这时，检查制度仍存在。

　　用这种说法可以解释一些焦虑的梦，但并非适用于所有的梦。梦中的焦虑都会带有或多或少的心理症特点，因此源于性心理兴奋的梦的焦虑都带着受潜抑的原欲，具有心理症状的意义。而梦中愿望达成趋势到什么程度才受限制是我们研究的难题。还有些焦虑梦来自肉体焦虑，可以通过实现某些强力压抑的愿望，舒缓焦虑。从这两种看似矛盾的情形中不难找出合理的说明。当情绪上的偏好和观念内容具有密切关系时，只要其中一项确实存在，就能产生另一项，梦里也会如此。所以，当来自肉体的焦虑引发受压制的观念内容，再加上性兴奋，焦虑便宣泄出去了。某种情况下可以说是"用精神诠释肉体产生的心理变化"，但也有"来自精神因素，焦虑却由肉体宣泄出去"的情况。不过，这方面研究面临的问题和对梦的理解没什么关系。这些困难的产生是因为我们的研究已深入焦虑的演变与潜抑的问题。

　　毫无疑问，来自身体内部的刺激包括了全身的肉体感知，它不只为梦提供素材，还能剔除多余部分、选出最合适部分作为梦的内容的代表。而这些自当天遗留的全身性知觉及其附带的心理意念都对梦有很大意义。当这些知觉带来的是痛苦的反应，也会寻找其他的相反的形式呈现出来。

　　假如睡觉时的肉体刺激不是很强烈，那它们对梦的形成的影响就会很小。也就是说，它们只能与一些观念内容结合而形成梦,并不是非常重要的梦的来源。因此,那些几乎每夜都发生的极平常的肉体刺激自然不容易形成梦。

例如,有一天,我对梦中常有的一种被禁制的感觉产生了兴趣,想了一整天,晚上竟梦到我衣衫不整地从楼下用接近于跳的方式,每次跨3个台阶上楼,我正得意时忽然发现女佣正从楼梯上走下来,顿时感觉非常尴尬,想立刻跑开,但竟出现被禁制的感觉,在楼梯上动弹不得。这梦的内容是我每天的真实生活状况。维也纳的房子有两层楼,楼下是诊室和书房,楼上是卧室,上下楼只有一个楼梯,我每天都会工作到很晚才上楼睡觉。做这梦那天,我确实衣衫不整地蹒跚上楼,只是在梦里则夸张成衣不蔽体。我总是一大步跨两三个台阶,梦中我能"接近跳"显然是这梦达成的愿望。但梦中的房子不是我的,刚开始我也没有辨认出,后来才发现那是我每天出诊两次打针的友人女佣家的阶梯。这楼梯和女佣怎么会进入我的梦呢?为自己衣衫不整而羞惭带有"性"的成分,但那女佣比我大,而且并不吸引人。

我又想起每天早上去她家看病时,总习惯上楼时清清嗓子,把痰吐在台阶上。因为楼梯上没有痰盂,所以我自私地认为楼梯能否保持干净不关我的事,她应当买个痰盂。可女佣吝啬又有洁癖,每天那时候都会站在楼梯口,观察我有没有随便吐痰。如果不巧被她发现,就有一顿气受了。甚至后来她看到我,连个礼貌性的招呼都不会打。做梦那天早上,那女佣的不敬言辞增加了我对她的反感。当我看完病临走时，那女佣竟瞪着我说："医生，请擦擦鞋再进来吧！要不然地毯会被你弄脏。"可能就是这些事情使"阶梯"和"女佣"出现在我的梦里了。"跳台阶上楼"和"在台阶上吐痰"也有密切关系。可能因为吸烟导致咽喉炎和心脏问题，再加上我的女管家也嫌我不干净，在这梦中便混到一处了。

　　从刚才描述的梦能看到，梦中的"受禁制的感觉"总在梦境需要再接上另一件事时发生。

梦的解析

梦的工作

重建梦思间的联系

在这里，我想先介绍一下梦的解析的程序。以一些特殊的梦为例，详细解析并集中起来，找出构成梦的程序，即以梦的合成完成梦的解析。这种较为简单的方法有助于将梦的解析程序解释清楚，从而有助于让一些评论家相信。其实我已多次使用这种方法。对梦的合成来讲，只有深入梦的内容，完整解析整个梦才更具说服力。但因这个愿望的实现需要我的心理病患者的病例，所以这问题需要暂时搁置，直到我能把心理症患者的心理和这个问题联系起来再做分析。

分析获得的梦的材料并不都具有同样的价值，那些完全在梦中被置换的部分才是主要的梦思。如果没有审查制度，它们甚至可以改变整个梦，而其他部分则被认为没有这种影响力。然而，也许从梦发生到解析产生了某些让它们产生关联的事，这部分材料就包括了所有从梦的显意到隐意的连接方式，和中间的连接因素。

我们往往只重视那些重要、复杂、熟悉的思想和记忆综合的梦思，它们可以是前提、背景或说明，或其他任何元素。但是，当整个梦思处于梦运动的压力下时，这些元素便会被扭转、撕碎、挤压在一起，那么，构成梦的基础逻辑构架会变成什么样的呢？梦中究竟如何表示"如果""因为""就像""虽然"等连接词呢？假如没有它们，我们如何理解语言和句子呢？我们会说，梦本身没有办法说明梦思之间的逻辑关系。梦不会重视任何连接词，它只会占用梦思的内涵。所以，解梦的过程就是重建这些凌乱的梦思间的联系。

就像因为材料不同，绘画和雕刻不能像诗歌那样用语言表达思想一样，由于形成的梦的性质的限制使得梦自身无法表达其中的联系。因此，要克服这种缺陷，就应像古画中的说明一样描述画家无法用图表达的思想。

或许有人不同意梦无法表达逻辑关系的观点，因为一些梦中存在最复杂的理性。但是，那只不过是梦思材料中的一部分，并非梦的理性。这些看起来理性的东西只是梦思的主要材料而非逻辑关系。梦中特别描述的句子，只是没有或稍微进行改变的梦思材料，其作用只为暗示梦思中的一些事件，而非梦的意义。

我们假设，梦思间的逻辑关系在梦中不独立。例如，假如梦中出现矛盾，那么这矛盾要么由梦本身，要么由某个梦思的内涵所引起。梦的矛盾只在间接情况下才和梦思间的冲突有联系。就像绘画能找到一种别于附言说明的方式表达画家的思想，梦也可能用某种适当改变梦的表达的方式解释梦思间的逻辑关系。实验证明，不同的梦有不同的表现方式。有些梦要么根本不顾其材料之间的逻辑关系，要么尽量加以考虑。所以，梦有时与其处理的材料相差不远，有时又有极大差别。又如，为伊玛打针的梦那样，当梦思在潜意识中有时间顺序时，梦对它们的处理也有着类似的程度变化。

仿同与集锦

梦的运行究竟怎样决定梦思间的这些逻辑关系呢？首先，简单说来，梦由梦思之间的相互关系组成一个事件，而产生时间上的逻辑连接。对于这条法则，梦显得很谨慎。无论何时，只要梦将两个因素联系起来，就表示在相关的梦思之间一定有某种特别的密切联系。

梦有两种在本质上相同的程序能够表现这种因果关系。如果有这样一个梦思："既然这样，那个稍后定会发生。"最常规的梦便是以子句作为开始，主句则是主体。时间顺序可以颠倒，但梦的重点和主句呼应。

一位女患者做了一个能说明这种因果关系的梦。梦是这样开始的：她走进厨房，责备两个女佣还没准备好她的餐点，同时又看到一堆累叠着的、为使内壁晾干而口朝下放着的、厨房里常用的瓶罐。两个女佣要步行到流进屋里或院子的河流提水。接着梦的主要部分出现：她很高兴从一堆摆放奇特的木桩高处走下来，而衣裙未被钩破。

梦的开始和她父母的房子有关。梦中的话是她母亲常挂在嘴边的，而那堆瓶罐源于房子里的卖铁器的小店。梦的其他部分则和她父亲有关：他常追求女佣，在一次河流泛滥中得重病死去。所以，梦开始的这段隐含的意义是："我在这房子里出生，在这恶劣的环境中。"梦的主要部分一定有相同观念，只是通过实现"我出生高贵"的愿望改变了"出生卑微，生命只能如此"的事实。

不过事实上，前后梦思并非都具有因果联系，常常会出现同一材料以不同的方式分别出现在两个梦中，这两个来自梦思不同中心的梦的意义有些相似。所以，会出现这个梦的重点在另一个梦中只是线索，而这梦中的线索却是另一个梦的重点的情况。不过在某些梦中，则分为简短的前奏和详尽的主题来表示其中明显的因果联系。

另一种传达因果关系的办法就是利用较少的材料，把梦中的一个影像变成另外一个。我们在这种变形发生时，就应考虑它们的因果关系，而不仅仅是在替代发生的时候。

这两种方法本质相同，因为它们都用先后顺序表现因果关系：前者是用梦发生的先后顺序，后者则是影像的变形。但是，很多梦因为在做梦过程中各元素混淆而未表现出因果关系。

梦无法表现这种常见的"非此即彼"的状况。它们往往是自行穿插于梦中，似乎都有效。伊玛打针的梦即能说明这个道理。梦的隐意："我不用因为伊玛的病没好而自责，因为这不是她自己拒绝我的治疗，就是不健康的性生活导致的，或者她根本不是歇斯底里症。"这梦已经以排他性的方式完整地满足了这些可能。在分析完这个梦之后，我把"不是……就是……"加入梦思当中。

"不是……就是……"一般是指含糊但能被分开的梦元素，解析原则即用"和"字将这假设同等有效的两个情况联系起来。

我父亲出殡的前一天晚上，我梦见一张有点像车站候车室里贴着的禁烟通告的海报，上面写着，"请闭上你的双眼"或是"请闭一只眼"。这两种不同的说法各有内容，分析时自然会有不同的方向。因为我清楚父亲对这种仪式的看法，所以选择了清教徒式的简单葬礼，但家里的其他成员以"参加葬礼的人们会轻视"的缘由不同意这种做法。所以，梦中的"请闭一只眼"就有忽视的意思。梦不能用一个字就呈现出其中的模棱两可，所以即使在梦的显意中，这两种思想也会互不相关。

梦用不理会的方式处理相反的意见或矛盾，其中似乎不存在"不"。梦常常将相反的意见放在一起，或将它们作为同样的事件来表现，甚至会肆意地将相反的意思取代先前的元素并展现出来。所以，我们不能不加思考地断定一个相反的元素在梦思中是否就是这样存在的。

相近、和谐是梦的形成机制最喜爱的逻辑关系。它在梦中能以各种不同的方式表现。构建梦的基础是梦思间已存在的相近关系，梦的运作大多只是构造一些新的平行关系以替代已存在但无法通过审查制度的关系，它偏向减缩。

相近、和谐在梦中常以单元化形式表现，这些关系要么早在梦思间存在，要么是新创造的。前者可能被称为仿同，后者则为集锦。仿同用于人，集锦用于人或事物的统一。仿同中，只有和共同元素相连的人才能出现在梦的显意中，其他人则被压制了。梦中的单一封面人物出现在所有的包括自己和其他人的关系和环境中。在集锦中，这种情形就扩展到了人的关系中，梦的影像概括了每个人所有但非共有的特征，所以这些特征的组合引发了新的单元化，新的合成。集锦的实际过程可以有好几条：有的我们一眼就能看出梦中人有和他相关的人的名字，但样子却是别人的；有的一部分像这个人，一部分像另外一个人，或者涉及第二人的不是外貌，而是姿态。不过，制造这样的集锦人物会失败，那么梦中的情景就仿佛只属于其中一个有关的人物，别的角色变为附随，不具有功能性。

致使两个人物结合的共同因素可能会出现在梦中，也可能不会。通常，仿同或构造集锦人物的原因是隐藏这个共同因素。为隐藏"A、B都仇视我"这个共同因素，在梦中将A、B合成为一人，或幻想A在做B的特有行为。这样构造的新的连接能方便我在梦中的恰当时间穿插它们"仇视我"的共同因素。这样，即容易缩减梦的内容，又容易通过审查制度。

当梦展现出两人的某个共同因素时，常常隐藏另一个共同元素，不过会因为审查制度无法表现。共同因素往往利用置换作用达到展现于梦中的目的，所以梦中集锦人物其他不重要的共同因素说明：梦思中存在某个非紧要的共同因素。

从以上论证可见，仿同作用或集锦人物具有下列意义：第一，它代表两人的共同因素；第二，它代表被置换了的共同因素；第三，它仅代表一种单方面的共同因素。因为以仿同作用表现的置换常能实现使两个人具有共同因素的愿望。在伊玛打针的梦中，我就利用这种方法达到了自己的愿望。

梦的表现形式

梦是绝对自我的，每个梦都与做梦者相关。如果做梦者没有出现在梦中，而以别人身份出现，那么一定是仿同将自我隐藏在他人身后，从而将自我加入梦的内容里。类似的，当本人的自我出现在梦中，也有别人的自我通过仿同隐藏在本人的自我身后。所以，在解这类梦时，应关注做梦者本人与梦中人的共同隐藏因素。在别的梦里，自我附着在别人身上，但当仿同作用消失后又回到本人的自我。这些仿同作用能帮助我观察在自我意念中，哪些部分通不过审查制度。因此，自我在梦中可以数次更迭，有时直接呈现，有时仿同他人，将许多梦思减缩形成梦。这种多次转换与清醒时的思考相似。

关于地点名称的仿同比人更易理解。在我关于罗马的梦里，我认为自己身处一个称为罗马的地方，不过为街头大量的德文招工布告而惊奇。后者是为达成我的某种愿望让我想到布拉格。梦中，我希望在布拉格遇见弗利斯，所以罗马和布拉格的仿同能解释为一种愿望的共同元素，即我想在罗马遇见朋友，这见面的愿望又让我把布拉格转换为罗马。

集锦的构造之所以使梦以神秘的方式呈现，是因为它在梦的内容中输入了一种不能让感官真正感受到的因素。梦的集锦物有许多方法完成。用某物直接表现是最简单的方法，但这暗示着它有其他归属。合而为一是比较复杂的方法，需要利用其现实中的共同点将他们结合起来。新的产物是否怪诞、是否高明取决于原材料及拼凑手法。

梦是许多集锦的组合。一个女孩在她哥哥答应请她吃一顿鱼子酱后，梦见哥哥脚上沾满了像鱼子酱的黑色颗粒。这颗粒是她将小时候布满双脚的红疹和鱼子酱颗粒组合成的一个新的概念。在这个梦里，女孩显然是把人体的一部分当作物来看待了。

前面我们提到梦无法表现"不",但是,用仿同作用交换或取代能表现相反或矛盾的关系,还有就是用玩笑的方式呈现这种刚好相反的关系。这个刚好相反并不直接呈现在梦中,是经由梦的内容和恰巧与它相接的部分的扭曲而显现它的存在。

另外,将一件事扭转到反方向是梦运行中最常见、运用最广泛的方式。其好处是不仅能满足对梦思中某些特殊因素的愿望,还容易逃避审查制度。所以,当梦不愿透露真意时,可以通过梦的显意里刚好相反的特殊因素找到答案。

除了主题倒置,还有时间倒置,即将结果放到梦的开始,分析这种梦需要把握原则。譬如,一个年轻的强迫症患者在某个梦中隐藏了从童年时就希望他害怕的父亲死亡的记忆。梦的内容是:他因回家晚被父亲臭骂了一顿。由他在精神分析治疗中的联想来看,梦的本意是他因父亲回来得太早而生气,他宁愿父亲永不回来就等于希望父亲死去。这愿望的来源是他在父亲外出时做错了一件事而被警告:"等你爸回来,你就知道厉害了!"

若想更深层地研究梦思与梦的内容之间的关系,可以以梦为出发点,研究梦的表现方法中的正统特征与其隐含的思想间的关系。显然,梦中的影像能激发出不同的感觉强度,而各段梦或不同的梦有着不同的清晰度。

各种梦的影像的生动性程度之差别并不比真实情况大,因为这无法与我们在现实生活中体会的生动性相比较。究竟是梦思中的什么决定了梦的内容中不同部分的鲜明度目前仍在研究中。

或许我们会想，梦的影像的感觉强度与对应的梦思包含的精神强度有关。精神强度相当于精神价值，是最鲜明和重要的，是梦思的中心。但真正重要的因素一般无法通过审查进入到梦的内容中。在梦思中重要的因素，也许其衍化物在梦中的存在比较短暂，且因为更强烈的影像而变得渺小。

梦中各因素的强度由达成愿望的元素和最鲜明的元素决定。我们或许能期望用个公式来表现这两个决定因素和强度的关系。

在一些例子中，我们会发现梦清晰与否和梦的改装无关，而是直接来源于梦思的材料。有位妇人做了一个很混乱的梦：她自己、丈夫和父亲进入了她的梦境，但出现了她不能确定她丈夫是否就是她父亲，或者谁是她父亲等这类问题。将梦与分析过程中她联想的记忆联系起来发现这是关于一个女佣怀孕了，但不知道谁是孩子的父亲的表达形式。由此看出，这材料是以梦的形式表现，而梦的形式是为传达隐藏的话题。

同一晚的梦的内容属于一个整体，其中的分段、不同组合和数目都有意义，从中能够看出潜藏的梦思提供的消息。解析包括很多主要部分的梦时，我们要注意这藕断丝连的梦或许是在用不同的材料传达相同的意义。若真如此，则第一个梦一般最让人难以理解，但之后的梦就显得明朗了。

《圣经》中，约瑟夫解析法老王"母牛和玉黍蜀穗"的梦就是如此。国王描述完第一个梦后，说："当我看到这景象时，就醒了，之后又在这混乱和思索中睡去。接着又做了个梦，这次比之前的露骨、奇异，也让我感到惊恐、迷惑……"约瑟夫解释道："国王，这两个梦只是用不同的方式说明一个意思……"

针对这种梦的表现手法，歇尔奈尔联系自己的器官性刺激的理论将其描述为一项原则："在梦开始时，它以一种最遥远、最荒诞的暗示描绘产生刺激的对象，到最后所有可能的材料来源枯竭后，刺激本体或者有关的器官功能显现，由此，梦指示出其器官性问题后，目的就达到了……"

有时，当梦中某一情况持续一段时间后，会突然在同一时间出现在另一个地方，在那里发生了某件事情，一会儿梦的主流又回来了。这插曲似乎是"梦的材料"的附属。

梦中的"被禁制感"

梦中常出现的被禁制感有什么意义？在那种情况下，想前进却动弹不得，想取得什么又被阻挡……一个容易解释但没有充分理由的回答是睡觉时运动麻痹促使这种感觉产生。但为什么这种被禁制的情况并不一直持续呢？我们可以这么想，睡着的每时每刻都能唤起麻痹感以使某些表现方式容易被展现，但只有梦思材料需要时才能被感觉到。

这种被禁制感并非总以这样的感觉展现在梦中，它有时是梦的内容的一部分。例如，有一次，我梦到自己因为诚实而被指控。地点是私人疗养院和某个别的机关的融合，一个男仆叫我去受审。审讯是因为怀疑我和丢失的东西有关，因为知道自己无辜，又是这里的顾问，所以我乖乖地跟着仆人去了。到门口时遇见另一个仆人，他指着我说："为什么带他来？他是个值得尊敬的人。"接着我独自进入大厅，旁边立着的许多机械让我想起地狱和恐怖的刑具。其中一个机器上躺着一位同事，他能看到我，只是他不关心我。接着他们说我可以走了。但我找不到自己的帽子，而且也动弹不得。

这梦达成的愿望是：我是诚实的，而且可以离开。"可以走了"是赦免信号，"我找不到帽子"可以是我并不诚实的意思。梦的结尾我"动弹不得"则可以表达相反的"不"。所以，这里我又要修改前面提到的梦是无法表达"不"的观点了。

其他梦中，被禁制感表现一种意志，而这又受反意志的压抑，所以被禁制感代表一种意志的矛盾。以后我们将会谈论到，睡觉中连带的运动性麻痹正好是做梦时精神程序的基本决定因素之一。运动神经传送的信息只是意志力的表现，而梦中传导受抑制的事实仅代表使整个过程更适合代表意志与反意志的行为。另外，我们能容易观察到梦中的被禁制感接近并常与焦虑相连。焦虑是源自潜意识并受潜意识禁制的一种原欲冲动。所以，当梦中被禁制感和焦虑相连时，可能是性冲动的问题。

梦的象征——典型梦例分析

总的来说,倘若人们不将他们梦中的情景告诉我们,我们也无法针对他们的梦做出特有的分析,那么我们在梦的说明方面也会受到限制。相对于每个人所独有,而又不被别人所知的梦,可能大家都曾做过相似的梦。对于这类"特殊的梦",不管做梦者是谁,它都有着相同的来源,所以对这类梦的分析能够切合我们对梦的来源所做的探讨。我将在下面专门研究它。

梦到自己裸体

梦到在外人面前赤裸着身体或穿很少的衣服,有时并不会使做梦者感到羞愧难堪。就我们所知道的有分析价值的是那些让做梦者感到难堪，却又发现无法更改这种窘态的梦。而具有这些因素的梦，才是特殊的梦，否则其内容的关键又会包含其他各种关系，或因人而异的特征。这种梦的关键就是"做梦者因梦而难堪羞愧，又想掩盖其窘态，但毫无办法"。

我认为很多读者都做过这种类似的梦。在梦里，做梦者看到的多是一些陌生面孔，而在"特殊的梦"里，做梦者并不会因自己所感到羞愧难堪的事情而受到指责。相反，那些陌生人都是一副冷漠的样子，或者，正如我曾经的一个梦里，那些人面无表情，而这的确值得我们细细回味。

"做梦者的难堪"与"外人的冷漠"构成了梦中的冲突。在做梦者眼里，外人或多或少应该有奇怪的眼神，或嘲讽他，或指责他。分析这种冲突，我觉得外人厌恶的眼神，正因为梦中"愿望获得"的因素而被替代，但做梦者自身的难堪却受制于其他原因而保存下来。对于这种被"愿望获得"所装饰的梦，我们依然没能分析明白。但这是我们真实的梦。假定这看似无法认识的梦的内容却因为不穿衣服的场景而引起记忆中的某种境遇，然而这境遇已没有了原本的意义而被用作其他的用途。我们能看到，这种续发精神系统在意识情形下怎样把梦的内容曲解，同时，这决定了梦的最终形式。另外，就是在"强迫观念"、恐惧症的形成过程中，这种曲解也是其中的关键。甚至，我们还可能声称这梦的材料来源何处。梦就像那骗子，做梦者就是那国王，而有问题的事实就因道德的驱使被出卖，这就是梦的隐意——被禁止的愿望，受潜抑的牺牲品。就我对接受心理治疗的患者所做的梦的解析，让我了解到做梦者童年时的记忆在梦中确有地位。童年时，我们会穿很少衣服在亲戚、保姆和客人面前，却不觉得羞愧。我们发现，有些孩子，他们被脱掉衣物时，不但不害羞，反而感到很开心，有时也会拍打自己的身体，而母亲或在场的其他人总会说："嘿！你不害羞吗？"孩子有着在人前展现自己的愿望，我们不论走过哪个村子，总能碰到一些孩子卷起裙子或敞开衣服，也许他们是在跟你打招呼！我的一位患者8岁时，曾脱衣上床后，闹着要到妹妹的房间跳舞，但被阻止了。心理症患者童年时，曾在异性的孩子面前裸露自己身体的记忆的确有非常重要的意义。患妄想症的人，当他脱衣时，有被人偷窥的妄想，这源于童年时的这种经验，其他性变态的患者中，也有一些因童年时的冲动引起的所谓的"暴露症"。

　　童年时无忧无虑的日子，日后回想起来，总让人有如身处天堂之感，而天堂实际就是童年时对于幻想的实现。这也是人们在天堂里赤身露体而不羞愧的原因。当有羞恶之心时，我们便被逐出幻境中的天堂，从而有性生活与文化的发展，此后只有每晚通过梦境才能重温在天堂的日子。我们曾判断孩子对童年期早期的印象，皆为各遂其欲的产物，所以这种印象的重现就是愿望的达成。因此，裸露身体的梦就是

"暴露梦"。

暴露梦的关键人物，常是做梦者自己。而且，因为各种穿衣的场景以及梦中审查制度的作用，导致梦中常常不是全裸，而是展现一种衣物不整的情形，然后再加上一个让他羞愧的旁人。在我所搜集的这种梦中，未曾觉得这梦中的旁人，就是孩子暴露身体时的真实旁观者的重现。毕竟，梦境并非单纯的追忆。很奇怪，这些童年时对性的兴趣的对象也并不呈现于梦里，而妄想症患者仍有着旁观者的影像，尽管看不到，但患者却深信"他"就在身旁。

梦中的旁人大多数被一些不太注意做梦者的难堪情景的陌生人替代，这实际是做梦者想裸露在其关系紧密者面前的一种反愿望。"一些陌生人"有时在梦中还另有别的意义。就"反愿望"来说，它表示某种秘密。我们能看出，在妄想症中产生的旧事重现也符合这种反面倾向。并且，梦中不仅做梦者一人，他被人窥视，这些人却是"一些陌生的、奇怪的、影像模糊的人"。

同时，抑制作用也影响了暴露梦，那些被审查制度所禁止的裸露镜头并没有出现在梦中，因此，我们能看出那些不愉快的感觉是因为续发心理步骤所产生的效应，而避免这种不愉快的方法，就是不让那景象再现。

童年的愿望不被容许并受抑制后，只有透过梦境才能展现，这使得关于瑙希伽故事的梦，成为一种"焦虑的梦"。

梦到亲友故去

原本心理与续发心理

另一类特殊的梦，是关于亲人之死，如父母、兄弟姐妹或儿女的死亡。这里，我们把这类梦分为两种：一种是做梦者毫无所动；另一种是做梦者悲伤至极。

第一种梦，不算特殊的梦。因为通过分析，我们发现梦中的情景暗含另一个愿望。正如梦到姐姐的儿子死在小棺木中，并不是说做梦者想让外甥死亡，而是暗含做梦者想见到久别的恋人的愿望——她很早以前在另一个外甥的丧礼上见过这个人，以后就没再见过。这个愿望，才是梦的真实内容，所以这并不会让做梦者伤感。我们看出这种梦所包含的感情并不是这个梦的浅显的内容，而是其隐意，只是"情绪的内容"没有被改装而直接展现到"观念的内容"中。

第二种梦，却让做梦者的确感受到了亲友的死亡，从而感到伤痛。这表明，做梦者有希望那位亲友死亡的意愿，但这种说法必然让曾做过类似梦的读者们怀疑，我会详细说明。

我们曾举过一个例子来论证梦中所达成的愿望并非目前愿望，也许是过去的、已放弃的，或被压抑而深藏的愿望，我们不能因它曾出现在梦中，就觉得这愿望还存在。的确，它们没有消失，也不像人死了就成为虚无那样。它们就像《奥德赛》中的那些魅影，喝了人血后又能还魂。梦到孩子死于

弗洛伊德：灵魂与身体总有一个在路上
fu luo yi de
ling hun yu shen ti zong you yi ge zai lu shang

棺材里的例子就说明了一个留存15年的愿望，而当时做梦者也承认其存在，有关做梦者童年时的回忆即来自这愿望的存在。当做梦者还是个孩子时，她听说，母亲怀她时，曾有过严重的忧郁症，也曾希望孩子死在腹中。等她长大后，自己怀了孕，又如母亲一样做了这样的梦。任何人曾因梦到父母、兄妹死亡而悲伤，我并不认为他们现在还希望家人死亡。而解梦的理论，也不会有这种论证，它只是申言，这种做梦者在其一生的某个时段，曾有过这种愿望。这种说法并不能平息各种批评，因为他们认为不论是现在已消失的还是存在的，这种荒谬的事情绝不可能发生过，所以，我只能用已有例证来描绘隐藏的童年的心理状态。

我们先思考孩子间的关系，我并不明白，为何我们会认为兄弟姐妹永远是相亲相爱的，实际上，童年时对彼此也有敌意。哥哥姐姐欺负弟弟妹妹，咒骂、抢夺他们的玩具，年纪小的只能满腹怨气，不敢吭声，而他们首次反抗不公平，很可能是对哥哥姐姐。然而，父母却常抱怨说，不知道为何他们的孩子不是很和睦。实际上，即使对乖孩子，我们也不能令他们的性格达到我们要求的水平，孩子都是以自我为中心的，他们拼命地想满足自己的愿望，当有竞争者出现时，他们更是全力以赴。我们并不骂他们是坏孩子，只说他们顽皮，毕竟，孩子无法判断自己行为的对错。而随着年龄的增长，在童年时，利他助人的冲动和道德观念在其心灵内生根发芽，套用梅涅特的话，一个"续发自我"逐渐出现，而压抑了"原本自我"。自然，道德观念的发展并不是所有方面同时进展，且童年时的"非道德时期"的长短也因人而异。我们将这种道德观念发展的失败叫作退化，但实际上这仅是一种发展的迟滞。虽然"原本自我"已因"续发自我"的出现而消失，但在歇斯底里症发作时，我们仍能看到"原本自我"的印记，在歇斯底里性格与顽童之间，我们能发现明显的相同之处。相反，强迫观念心理症，却因为原本自我引起道德观念的过分发展。

我认为孩子在弟弟妹妹出生后，能衡量利弊。有个小患者，他现在已同妹妹相处得很好，但那时他知道有了妹妹时的反应是"不论怎样，我都不会把红帽子给她"。但若孩子在长大后才发觉弟弟妹妹会让他少受宠爱，那他的敌意应当是那时产生的。曾有一个不到3岁的女孩，想把小婴儿掐死，用她的话说，她觉得这小家伙活着对她不利。童年时，孩子毫不掩饰自己的嫉妒心。当然，若新生的弟弟妹妹不久夭折，他又会得到全家的宠爱，那么当再来一个弟弟妹妹时，孩子是否会希望弟弟妹妹夭折，从而使自己重新回到被全家宠爱的幸福时光呢？自然，一般情况下，孩子对弟弟妹妹的这种态度，只是因为年龄不同，一段时间后，孩子就会对新生的弟弟妹妹产生母性的本能。

孩子对其兄弟姐妹的敌视比我们所见到的更常见。我的

弗洛伊德：灵魂与身体总有一个在路上

小外甥，他受宠的"专利"因为妹妹的出生而结束。虽然他抚爱他的妹妹，但他刚学会说话后，就表示了自己的敌意，当别人谈论他的妹妹时，他就哭叫道："她太小了，太小了！"当妹妹长大一些而骂不了"太小了"时，他又找到另一种让妹妹失去宠爱的理由——"她没有牙齿"。

或许已有读者同意孩子确实敌视其兄弟姐妹，但仍感到疑惑，难道孩子们纯洁的心灵竟会坏到这种地步？有这种看法的人，其实忽略了一个事实——孩子们对死亡的看法与成人的看法并不相同。他们根本没有想过衰老病死的恐惧。他们对死的恐怖感到陌生，但他们会用这种听来可怕的话，恐吓他的玩伴："要是你再这样，你就会像弗兰西斯一样死掉。"而这种话会使母亲大为震惊，并不能原谅。甚至有个8岁的孩子，和母亲参观自然历史博物馆后，竟然对母亲说："妈，我实在太爱你了，你死了以后，我会把你做成标本，放在房间里，这样我就能天天看到你！"孩子们对死的看法与我们的看法是这样的不一致。

对孩子来说，他们并未意识到死前的痛苦，因此"死"和"离开了"对他们来说是一样的。所以，孩子们只希望另一个孩子消失，而将这愿望通过死亡的形式展现出来，并通过死亡愿望的梦所引出的心理反应说明，不论其内容是否相同，梦中所呈现的孩子的愿望和成人的愿望是一致的。如果我们说孩子梦到其兄弟之死是孩子以自我中心使他视兄弟为对手所致，那关于父母之死的梦又怎样解说呢？

解决这个难题，我们可以从某些线索着手，大多"父母之死的梦"都只梦到和做梦者同性的双亲之一的死亡。当然，我并不认为所有的都是如此，以至于我们需要通过具有一般情况的事例来说明。总的来说，童年时"性"的选择引起了儿子视父亲、女儿视母亲如情敌，而只有除去他（她），才能如他（她）们所愿。

在你们指责这种解释荒谬前，我希望大家能认真回想父母同子女的关系到底怎样。首先，我们要把传统孝道要求的亲子关系和日常观察到的事实划分开来，就会发现父母和子女间的确存在不少敌意，只是很多情形下，这些并不能通过"审查制度"罢了。让我们先思考父亲和儿子间的关系，我认为因为奉行了"十诫"的禁令让我们对这方面事实的感受迟滞了，或者我们不愿承认大多数人的人性都忽视了"第五诫"的事实，在人类社会的最低以及最高阶层里，对父母的孝道常常比别的方面逊色。从古代流传的神话、民间小说里就能发现许多关于父亲霸道专权的逸闻。克洛诺斯吞噬其子，就像野猪吃小猪一样；宙斯弑父代位。在古代，父亲越残暴，他的儿子越将其视为敌视对象，并希望其早日归天，以掌管其特权。甚至在中产阶级的家庭，因为父亲不让儿子自由选择导致父子间产生敌意。医生常常看到这种情景：对父亲死亡的哀恸有时不足以掩盖儿子获得自由身的满足感。至于母亲和女儿的冲突多半因为女儿长大后想争取性自由而受母亲干涉，而母亲也可能因为女儿长得亭亭玉立，不免有青春不再的伤痛。

尽管这些在一般人身上发生过，但对一些视孝道为第一的人，其父母死的梦，却不能说清。但我们可以针对上述讨论，再接着分析童年时死亡愿望的来源。从心理症的分析看来，更证明了我们以上的观点。分析的结果表明，孩子最原始的"性愿望"发生在很小的年纪，女儿的感情对象是父亲，儿子的感悟对象是母亲，所以对儿子而言，父亲是对手，同样女儿对母亲也是这样。这种情况就像以上对兄弟间的敌视一样，所以在孩子心里，这种感情就会形成"死亡愿望"，总的来说，对双亲很早便产生相同的"性"选择，自然父亲宠爱女儿，母亲宠爱儿子，孩子也发现了这种偏向，从而对欺负他的一方加以抵抗。孩子觉得成人"爱"他，并不仅会满足他的某种特别需求，还能纵容他在各方面的愿望。换言之，孩子这样的选择，一方面是因为其自身的"性本能"，同时也因双亲的刺激而加深了这种倾向。

尽管从孩子身上我们能得出和我们观点相符的地方，但对成人心理症的精神分析，却没能达到完善的效果。所以，心理症患者的梦需要加上"梦是愿望的达成"的前提，才容易理解。有一天，我发现一位妇人很伤感地哭着说道："我不想见我的亲戚们，他们让我感到害怕。"她对我说了个4

岁时做的梦，她对这梦记得很清楚但不知是何意义。"一个狐狸或山猫在屋顶上走来走去，突然，有东西掉下来了，又像是自己掉了下来，不一会儿母亲就被抬出屋外，死了。"这令她大哭。我对她说这梦是种希望看到母亲死亡的童年愿望，正因为这个梦，令她无颜见其亲戚，所以她又告诉我一些事：她还是孩子时，有一次街上的孩子叫她"山猫眼仔"。而在她3岁时，有次从屋顶掉下一块砖瓦砸破了母亲的头，令母亲大量出血。

我曾分析过一个年轻女患者各种不同的精神状态，在她早期发作时，对母亲的态度有种相当大的转变，每当母亲靠近她，她就对母亲拳打脚踢，辱骂，但对大她许多岁的姐姐非常柔顺，后来她变得较清醒，实际是较无表情的状态，且时常睡不好觉，她开始接受我的治疗和梦的解析。这时的梦多半暗含她母亲的死亡，有时她梦到自己参加一个老妇人的丧礼，有时梦到她和姐姐坐在桌旁，穿着丧服……我们很容易看到梦的意义。在慢慢康复后，她却有了恐惧症，时常担心母亲出意外，不论她在哪里，每当产生这个念头，她都要赶回家看看母亲是否健在。通过这个实例，再辅以其他方面的经验，就能发现十分有价值的东西。看来，心灵对同一个让它兴奋的意念能产生好多种不同的反应，正如对同一作品能有好几种翻译一样。处于狂暴状态时，我觉得是"续发心理"被"原本心理"抛弃，在潜意识里主要是对母亲的恨意并表现出来。而当较为清醒时，心灵平静下来，"审查制度"占了上风，对母亲的仇视只在梦里出现。最后，当她正常时，便产生了对母亲的过分关切，这是一种歇斯底里的逆反应和自卫现象。通过这些观察，我们便能说明为何一般歇斯底里症的人对其母亲有过度的依赖。

用我的经验来看，在后来变成心理症的患者，父母在其童年时的心理形成中占有很重要的地位。对双亲之一产生深爱而憎恨另一方构成童年时的心理冲动，同时成为日后心理症的根源。我不认为心理症的患者同正常人有什么分别。比较可信的说法是：后来产生心理症的孩子在对父母的喜爱或敌视方面，将某些正常儿童心理较不显著的方面显现了出来。

有关这种亲友之死的特殊的梦，展现给我们一些很不寻常的状况，它将一些抑制的愿望构成的梦意，躲过"审查制度"，用原貌呈现出来，而这只有在一些特殊情况下才能发生。有两种因素有利于产生这种梦意：一种是我们心中必藏的某种愿望，我们坚信这些愿望即使做梦都不会被发现，所以"梦的审查制度"对此没有防御；另一种是特别情况下，这种潜抑的、意想不到的愿望常以某种关心亲人性命的形式，对当天白天留下来的感受发生让步的状况。焦虑必然利用这相对应的愿望进入梦中。因此，在梦中这份愿望经常都能被白天产生的对某人的关心掩盖。但若有人认为梦只是承继白天的心理活动，而将这种亲友之死的梦置于通常的梦的解析之外，那这些说明就更简洁，而一些遗留下来的难题就无须深究了。

尝试继续研究这种梦与焦虑梦的关系是很有意义的。在亲人之死的梦中，潜抑的愿望大多能躲过"审查制度"而不用被改装，但难免带来梦中的苦楚。焦虑梦也只有"审查制度"全部或部分受压制时才会发生。另一方面，一旦肉体原因导致真实的焦虑，强大的"审查制度"便会发挥作用。所以，我们能看到内心利用"审查制度"改装梦的内容的用意。只有这样，才能避免焦虑或所有形式的苦痛。

梦有绝对的自我中心

我在这里要强调儿童心理的自我主义。所有梦都有绝对的自我中心，每个梦都能找到所爱的自我，包括以改装面目出现的。梦中欲达成的愿望都是这个自我的愿望。外表看似利他的内容，实际都是利己的。我们用下面似乎违背这种观点的实例来解析。

第一个梦。一个不到4岁的男孩曾对我说，他梦到一个盘子，里面放着一大块烤肉，但肉突然就被吃光了，他却不知道是谁吃的。

男孩梦中吃肉的人会是谁？原来，几天来，他都依照医生的要求仅喝牛奶，做梦那天，由于顽皮，被罚不准吃晚餐。因为早上被限制了饮食，所以他不在意地接受了这个惩罚，他明白自己晚上吃不上食物了，尽力不去想饥饿的事，而在

弗洛伊德：灵魂与身体总有一个在路上

梦中这些都被改装了，其实他自己便是期待肉的人，只是他清楚自己在受罚，所以不敢呈现自己大吃的景象，故而梦中吃掉烤肉的人没有呈现。

第二个梦。这个梦能呈现真正的自我中心的情感，怎样隐蔽在关心别人之后。"我朋友奥图看着像生病一样，脸色褐红，眼球突出。"奥图是我的家庭医生，我很感激他，几年来都是他在照顾我孩子的身体，他不但为孩子们提供及时的治疗，每次过来还总给他们带些礼物。我做梦那天他就来过我家，当时我妻子觉得他看起来很疲惫。晚上我便梦到他就像一个巴瑟洛氏病患者。若你忽视我说过的释梦法则，那一定会认为这梦表示我很关心朋友的健康，并将这份关心带到梦里。但这违背"梦是愿望的达成"的观点，更不符合"梦只以自我和冲动来说明"的观点。果真是担心的话，为何我会担心他得巴瑟洛氏病？另外，我的解析是用我6年前发生的事来说明的。当时我们一些人，包括R教授，正坐在一辆车里赶夜路，为了到几小时路程远的某村庄休息。由于司机精神不好，竟使整个车翻下河岸，还好大家都没受伤，但这样只能到附近的小客栈休息。我们的不幸得到了村民的同情，曾有位患有巴瑟洛氏病的男士接待了我们，并问我们需要什么。R教授坦率地回答："借我套睡衣便好！"但他说："很抱歉，我没有。"随即离开。

巴瑟洛并非仅是发现这种病症的医生的名字，还是位出名的教师。我曾拜托奥图若我有什么不测，孩子的健康问题，特别是青春期（所以我提到睡衣），都由他负责。梦中我看到奥图有上述症状才明白：若我有不幸，奥图会像那些村民那样关心我的孩子。这梦包含的自我大概就是这样吧！

但梦达成的愿望是什么呢？正如我将梦中的奥图当作村民，自己就成了R教授，因为我有求于奥图，正如R教授有求于那村民，这即是关键。在学术界，R教授见解独特——我也如此，导致他到晚年才获得教授头衔。由此，我发现自己有想做教授的愿望，"他到晚年才……"代表我还能活很久，足够我亲自照顾儿女们青春期的健康。

梦到考试失败

每个通过学校期末考试并顺利升级的人，总会对他们常做的梦到自己考试失败的梦抱怨，这种特殊的梦还有一种形式，即梦到自己未能获取博士学位，但在梦中却非常清楚知道自己早已取得，且已是教授多年或早是资深专家，这种梦常常让做梦者想不明白。孩子总会因自己的错误受惩罚，当学生时代过去，受因果律影响，每当我们自觉有事做错、疏忽或未尽本分时便会在梦中重现这些曾经令我们十分紧张的考试的梦。

我的一位同事在一次科学性讨论会上发表过有关这种梦的分析。他认为，这种梦仅在顺利通过考试的人身上发生，而不会发生在未通过考试的人身上。事实证明,让我坚信考试焦虑梦仅发生于做梦者隔天将要做某种可能有风险且须负责任的重要的事时,梦中会重现曾经奋斗的场景,但从结果来看,这不过是杞人忧天。这种梦令做梦者十分清楚其内容与实际不符,并抗议"我早就是博士了"等对梦的安慰。所以,其用意是:"别担心明天的事!回想你当年参加考试的紧张,不也是空担心吗?你会顺利完成的……"不过梦中的焦虑源于做梦者当天遗留的某些经验。

第一位解析考试焦虑梦的人史特喀尔,认为这种梦都隐含性经验和性成熟,而就我的经验来讲,这种说法也是正确的。

梦的象征意义

从精神分析进展我们能发现,很多患者都有对梦的象征的直觉,他们多数是精神分裂症患者,但事实上,这仅是个人的特殊禀赋,没有病理上的意义。

当对梦中代表"性"的象征熟悉时,我们会问:这些象征是否像速记符号一样大多具有固定意义?甚至想利用密码编写一本解梦书。为此,我们认为,这种象征并非梦所特有,而是潜意识意念的特征,特别是关于人的。

若一定要找出各种象征的意义,以及和象征关联的问题,我们就会远离梦的解析。象征只是一种间接的表现方法,但我们不能忽视它的特点而和别的间接表现方法混淆。很多实例显示，象征和它所代表的事物有着很明显的共同因素；在别的例子中却不明显，从而使人对象征的选择感到困惑。但只有后者才能说明象征关系的终极意义。象征关系似乎就是一种遗迹，就像舒伯特说的，在许多梦例中，共同象征的运用比日常用语更普遍。

梦利用象征表现伪装的、隐藏的思想。所以，象征常被用来表达相同的事情。但这虽然典型，却也因人而异。象征的存在不仅使梦的解析变得简单，也让它变得困难。通常遇到梦中的象征元素，利用做梦者自由联想的分析是没用的。为适用于科学评判，我们遇到梦的内容的象征性时，须运用做梦者的联想和解梦者对象征的认识的综合技巧。为避免臆断，解释象征时必须谨慎，仔细追究它们在梦中的用途，对梦的分析的不确定，一部分是因为知识的不完全，另一部分则是因为梦的象征本身的特点。

通常，皇帝和皇后代表做梦者的双亲，王子或公主代表做梦者本人，伟人和皇帝常被赋予相同的高度权威性；所有像木棍、树干等长的物体可能代表男性性器官；箱子、皮箱、橱子、炉子等容器则代表子宫，梦中特别描述各个进出口的房子通常指女人；一个走过套房的梦则是逛妓院或到后宫，也可以代表婚姻；当做梦者发现一个屋子变为两个时，说明这和童年对性的好奇有关，反之也是；阶梯、梯子或在上面上下走动代表性交行为；为用餐准备的桌子、台子也代表女人；至于衣着，帽子和外衣常表示男性性器官，男人的梦中，领带代表阴茎；梦中所有的复杂器械也可能代表男性性器官；梦中的许多风景，特别是带有桥梁、小山的，都表示性器官；梦中的小孩也常代表性器官；光秃秃的，如剪发、牙齿脱落、砍头、蜥蜴都代表阉割；被小虫纠缠则象征怀孕。

　　精神分析引论中，我尝试为梦的象征提供更详细的报告。下面我会举一些例子说明象征在梦中的运用。但我要告诫大家，不要高估梦的象征的重要性，而忽视做梦者的联想，将梦的解析变成翻译梦的象征的意义。这两者应当是相辅相成的，但梦者的联想更重要，梦的象征只是辅助工具。

帽子象征男人或其性器官

　　一位少妇因担心受到诱惑而患空旷畏惧症，她梦到："夏天，我戴着一顶形状奇特的草帽走在街上。草帽中间向上弯卷，两边向下垂，其中一边比另一边垂得更低。我很高兴，也很自信。当我经过一群年轻军官时，我想：'你们都不能伤害我。'"

　　分析：因为她不能对这帽子产生任何联想，所以这中间竖起两边垂下的帽子无疑是指男性性器官。如"Unter Die Haube Kommen"，字面意思是躲在帽子下，隐含意思是找一位丈夫结婚。因为她丈夫有漂亮的性器官，所以她不必害怕那些军官，即她没必要从他们那里得到什么。平常因为诱惑的幻想，她不敢单独出去散步。帽檐下垂程度不同则是因为她丈夫的睾丸一边比另一边低。就这样，帽子特别之处也被解释了。

被车轧象征性交

她妈妈把小女儿送走了，所以她得自己走。她和妈妈走进车厢，却看见她的小东西正在轨道上直直地走。火车一定会从她身上碾过，她听到自己骨头被压碎的声音，但没有不舒服或恐惧的感觉。然后，她从窗户往车厢后面看，想知道那些碎片是否还能被看到。然后，她责备妈妈为什么让这小东西自己走。

分析：这是一个循环相连的梦的一部分，因此必须和其他部分联系起来解释。我们很难分离出足够的材料来解释这些象征。首先，患者说火车之旅与她被带离疗养院的经历有关。她爱上了疗养院主任，但她妈妈来带她走，医生到车站送行，送给她一束花作为离别礼物。因为被妈妈看到这个情景而感到很尴尬。这里，妈妈象征阻碍她的爱情，这的确在患者小的时候发生过。"她从窗户往车厢后面看，想知道那些碎片是否还能被看到"让她联想到曾经看见父亲在浴室赤裸的背影。这里的"小东西"即指性器官，而她有一个4岁的小女儿——则是她本身的性器官。"妈妈把她的小东西送走了，因此她得自己一人走"是她指责妈妈想要她像没有性器官似的活着，她不想这样。这正说明她小时候因为受到父亲的喜爱而遭到妈妈的妒忌。"被车碾过"虽然可以用许多缘由证实象征性交，但在此梦里并不能明显看出来。

正常人梦里的象征意义

精神分析发现，梦的象征并非只是神经质思想的产物，它也会发生在正常人身上。正常与神经质生活之间没有质的差别，而只有量的差距。实际上，正常人单纯的梦比神经质人的梦含有更简单、更聪明、更特殊的象征；而神经质人的梦，因为审查制度更严谨而产生更严重的梦的改装，使象征变得更模糊、不易解析。下面这个梦就能说明这一点。这是一个正常但很保守的女孩做的梦，和她谈话时我发现她已经订婚，但因为一些事情婚礼推迟了。

她的梦的内容是："为了庆祝生日，我在桌子的中间摆放着花朵。"

分析：我问她问题时她告诉我，在梦里她似乎在家里，有"幸福的感觉"。由常用的象征分析，她希望做新娘。桌子和花朵代表她和她的性器官。她以完成来表达对将来的愿望，她已经想到要生孩子了，所以想要结婚已经很久了。

在分析的过程中，她的保守因为分析的兴趣消失了，又因为谈话的严肃性得以有一种开放性的态度。她描述桌上的花"高贵的花,要为它付出代价的""山谷中的百合,紫色及粉红色,或者是康乃馨"。通常百合花象征纯洁,经证实她在梦中也是这样联想的。山谷通常代表女性,用这两种花的英文名结合正是强调贞操的可贵,说明她期待丈夫能重视其价值。"高贵的花"在这三种不同的花中有不同的象征意义。"紫色"表面看来没什么意义,但能和法语"viol(强奸)"和英文"violent"(暴力)连接,表露做梦者性格上或许有被虐待的特征。"要为它付出代价"则指要成为妻子或妈妈所必须付出的代价。

与"粉红色"相接的是康乃馨,这可能和肉体(carnal)相关。但做梦者的联想是"颜色"。她说,康乃馨是她未婚夫最爱送她的花,最后她坦言确实联想到了肉体。颜色的联想也能解释,但要借助肉体的意义。做梦者描述未婚夫常送康乃馨给她不仅暗示康乃馨的双重意义,还说明它们在梦中具有阳具的意义。花代表性礼物的交换,她把贞操作为礼物,并期待收到感情和性生活的回报。这里的"高贵的花,要为它付出代价"也有暴力意义。所以,花的象征包含处女贞操、男性以及隐含强暴。需要注意的是,花的象征性是很平常的,或许爱人间送花也有此潜在意义。

她在梦中准备庆祝生日,象征婴儿出生。这里她仿同她的未婚夫,所以代表他为她准备生产,即和她发生性交。或许隐藏着:"如果我是他,就不会再等下去了,我会用暴力而不管是不是安全期都和她发生关系。"由此，原欲的虐待元素显露出来。更深一层，"我摆放……"说明她很乐意如此。做梦者也暴露了自己对肉体缺陷的注意。她把自己看成一张桌子，且只关注"中央"的重要部分。在另一个场合她用了"中间的一朵花"的字眼，指她的处女贞操。桌子的水平也应当有象征意义。在此，我们一定要注意此梦的浓缩：没有多余，每个字都有象征。

后来，做梦者为这梦加了"我用绿色皱纸来装饰花朵"的描述，又说这是用来盖在普通花盆外面的花纸，为遮住有瑕疵的东西，群花之中还有个空隙。纸象征地毯或苔藓。正如我期待的，她对"装饰"的联想是端庄，"绿色"的联想是希望。这部分梦，主要因素未与男人仿同，起初是羞愧和自我启示，她想为他把自己打扮得更漂亮，且为自己肉体上的缺陷感到羞愧，并且希望改变。地毯或苔藓的联想象征阴毛。

这梦表现了她在清醒时没有觉察的想法。这些想法同肉欲的爱和性器官有关，也显露她对强暴的恐惧，及愉快的受苦思想。她承认自己肉体上有缺陷，并通过夸大自己处女之身的价值进行补偿。她用羞耻心发出肉欲的信号，并以生孩子为借口。物质思考也有了表达的途径。通过简单幸福的梦中情感达成自己幸福的婚姻生活的愿望。

费连奇曾说过：象征的意义和梦的意义在正常人的梦中最容易找到。

俾斯麦关于胜利征服的梦

这里讲述的是一位有名的历史人物所做的梦，它非常清晰地表现了阳具的象征。马鞭不断伸长除了表示勃起，就不代表什么了。另外，这个例子可以说明一些性以外的严肃思想能通过幼儿期的性资料传达。

俾斯麦在《男人与政治家》一文里，引用了他在1881年12月18日写给威廉一世的信里的一段话："陛下的来信让我有勇气向您汇报1863年春天，战争最激烈，谁也无法知道结果时我做的一个梦：我在阿尔卑斯山一条很窄的小路上骑着马，右边是悬崖，左边是山岩。路越来越窄，马不再向前走。因为太狭窄了，不可能回转过来或下马。我左手手持马鞭，击打光滑的岩石，请求上帝援助。马鞭不断延长，山岩壁像舞台背景一样跌下去不见了，一条宽敞大道展现在眼前，我能看到类似波希米亚的小山与森林，那里有普鲁士军队的旗帜。虽在梦中，但我心中依然马上出现向您报告的想法。梦很完美，我醒过来后，全身都充满喜悦和力量……"

分析：在梦的前半部分，做梦者发现自己身处困境，但在后半部分神奇地摆脱了困境。困境，暗示他处于危机状况；"不可能回转过来或下马"，在他无休止地为别人利益辛苦工作的人生中，很容易将自己想象成马，正如他自己描述的那样："好马是死在工作中的。"所以，"马不再向前走"表示过度辛劳的政治家想要避开现状，第二部分即很明显地表现此愿望的达成，阿尔卑斯山的小路已经暗含俾斯麦知道自己将在阿尔卑斯山的Gastein度过一个假期，这梦便把他带到那里，让他得以脱离政务。

梦的第二部分，愿望达成的表现方式有明显的不经过伪装和象征两种。象征性的达成是阻止前进山岩的消失和宽敞大道的呈现，不经过伪装则是普鲁士军队的呈现。在梦中，俾斯麦认为避开普鲁士内部冲突的最好办法是大胜奥地利。这个愿望的达成即普鲁士军队的旗帜出现在波希米亚。此梦的特别之处是，做梦者不仅以达成梦中的愿望为目标，关键是在现实中达成。马鞭延长暗示阳具的延长，不断延长的马鞭隐含源于幼儿期的过度投注，手握马鞭则暗示自慰。虽然这不是做梦者的现状，但这是其幼儿期的欲望。俾斯麦左手持鞭击石，向上帝求救，然后奇迹般被解救的情形类似于《圣经》中摩西由岩石中击出水来解救以色列口渴的小孩的故事。如果俾斯麦很熟悉这段记载，那么在此他将自己比作了摩西。

"想马上向国王报告"，同表层梦思的胜利幻想呼应。这种胜利征服的梦，往往暗含情欲战胜的意愿。这是个成功的梦的改装的例子，让不愉快的事情都被掩盖起来，能避免焦虑的产生。此梦的意愿达成，也不违背审查制度，所以可以相信俾斯麦醒来的时候便"充满喜悦和力量"。

梦的解析

梦的本质是达成愿望

从上述梦的解析方法，通过对梦的解析，我们知道了梦是有意义的，是某种愿望的达成。可以这样说，梦是人们在半睡半醒的情况下，对清醒时的精神活动的继续，是由非常复杂的思维活动产生的。同时，为什么我们要通过梦这种非常特别的方式达成自己的某种愿望成为我们思考的另一个问题。梦的材料从何而来？我们醒后对梦的记忆相对于真实的梦境是否有变化？这种变化是如何产生的？在梦中为什么会有很多明显不合逻辑的情节？梦反映的是我们内心隐藏的真实想法吗？这些问题都需要答案，但我们现在只能先把它们放一下，只研究这样一个问题：我们得出梦是一种愿望的达成，那么这是所有的梦都具有的特性吗？或许还有别的并不

弗洛伊德：灵魂与身体总有一个在路上
fu luo yi de
ling hun yu shen ti zong you yi ge zai lu shang

是为达成某种愿望的梦？

　　我睡眠一直都很好，不会轻易被身体需要侵扰。就在不久前的一个晚上，我因为吃了太多咸的东西，在上床睡觉前就觉得很口渴，便把放在自己床头柜上的那杯水喝光了。到了半夜，我又觉得口渴，但要喝水就得起身到我妻子那边的床头柜拿杯子。因为嫌麻烦我便没有动，转而做了这样一个梦：妻子从我之前在意大利买的用于收藏的存过骨灰的罐子里取水给我喝。我喝了一口，也许是因为里面有骨灰，所以水特别咸，我不禁醒来。很明显，梦不加掩饰地表明它是对某种愿望的达成。想让自己过得舒服自然不会想着体贴别人。

　　记得年轻时，我经常工作到很晚，早上自然不想起床。为此，我经常梦到自己已经起床，开始刷牙洗脸，不用再为起床的事情纠结。这样自然是能继续睡安稳觉。我的一位同事居住在离医院不远的地方，他的房东每天早晨都会按时叫他起床。一天早上房东又来叫他起床，他却做了这样的梦：他正躺在病床上，头上的病历表上写着"裴比·M，医科学生，22岁"。于是他翻了个身又睡着了。睡醒后，他承认自己只是为了多睡会儿。

　　我的一位女患者曾经历过一次失败的下颌手术，医生要求她每天都要冷敷患处。但她经常在睡着的时候把冷敷布拿掉。一次，我看到她又在睡着时把冷敷布拿掉。等她醒来便说了她几句，没想到她却告诉我她梦到自己正在剧院观看演出，突然想到梅耶先生正躺在医院忍受下颌的疼痛。于是想到又不是自己疼痛为什么要冷敷，就将冷敷布拿掉了。梦中的梅耶先生是她的一位朋友。这个梦只是她在潜意识里想让自己快乐些吧！

在健康人身上，我也有许多实例来证明梦是为达成某种愿望而形成的。我一个朋友的妻子曾做梦梦到自己来月经了。显然她因为怀孕停经了，而潜意识里却希望自己不用因为有了孩子而使生活失去一些自由。另一位朋友的妻子则梦到自己的上衣沾满了乳汁。这也是怀孕的征兆，但这不是头一胎。这个梦说明她希望这个孩子能够吃到足够的乳汁。

一位少妇因为每天都在隔离病房里照顾自己得了传染病的孩子，为此很久没有与朋友聚会。一天，她梦到孩子的病好了，她则与许多有名气又很和善的作家聚会。这些作家的容貌与她收藏的画像一样，而其中一位未曾出现在画像中的面孔则像是第一个到病房消毒的工作人员。从这个梦中，我们看出她希望自己能过开心、快乐的生活，尽早结束这单调乏味的陪护生活。

由这些实例我们能够看出不管是多么复杂的梦都是为了达成做梦者的某种愿望，而且只要我们留心便能很容易察觉出来。我认为，孩子因为心灵更为单纯，所以他们的梦也比较单纯。我们应当多研究孩子的心理，进而研究成人的心理。不过，这种研究方法是否有效还未被证实。

弗洛伊德：灵魂与身体总有一个在路上
fu luo yi de
ling hun yu shen ti zong you yi ge zai lu shang

孩子的梦，往往是为达成很简单的愿望，因此也比较单调。但依然可以证明梦的本质是达成愿望的理论。我为此收集了很多自己孩子童年的梦。

1896年夏天，我们全家到荷尔斯塔特度假，就住在临近奥斯湖的小山上。在这里，天晴的时候能看到达赫山，用望远镜还能看见山上的西蒙尼小屋。我8岁半的女儿和5岁多的儿子很喜欢这个望远镜。我们出发到达赫山脚下的荷尔斯塔特游玩。这一路上儿子只要看到山就问是不是达赫山。问了几次都不是，他就显得无精打采不再问了，也不爬上石阶欣赏瀑布。第二天起来，他开心地告诉我昨晚梦到我们到西蒙尼小屋了。我才明白，昨天告诉他去达赫山脚下游玩，他还以为是去时常从望远镜里看到的西蒙尼小屋去。但知道游玩的地方只是山下的瀑布后他很失望，所以晚上做了这个梦作为补偿。当我问他细节时，他只说爬石阶走6个小时就能到，别的就什么都没有了。

这次旅行，女儿也做了一个梦。在她的梦里我们一个12岁的小邻居爱弥儿成了我们家的成员，称呼我和我的妻子为爸爸、妈妈，还和我儿子一起睡。他们的妈妈拿了很多用漂亮的纸包着的朱古力棒棒糖丢到他们的床下。显然这个梦也是为了达成她的愿望。我们这次确实带了爱弥儿一起度假。他是个斯文的男孩儿，女儿很喜欢他。出游那天，我听到小绅士招呼女儿："走慢点，等爸爸妈妈跟上来再走。"只是女儿在梦中将这短暂的一瞬化作永恒了。而关于棒棒糖的情景，妻子告诉我这大概是因为白天从车站回家的路上，孩子们想要买自动售货机里那种用漂亮纸包裹的朱古力棒棒糖，而妻子没有满足他们。只是为何要把棒棒糖扔到床下，就还得从孩子口中找出答案了。

一个朋友曾带几个小孩到隆巴赫旅行，本来想到洛雷尔小屋，却因为太晚了没有去，他答应孩子们下次再来。回去途中，他们又看到了去往哈密欧的指示牌，孩子们又吵着想去哈密欧。朋友只得答应他们改天再去。第二天，他8岁的女儿说她昨天做梦梦到他们到了洛雷尔小屋和哈密欧游玩。看来，这小女孩也是将没有实现的愿望在梦中实现了。

记得女儿3岁多的时候，我们带她游湖，可能是逛得太快了，她还没玩过瘾，哭闹着不想上岸。第二天，她告诉我晚上梦到在湖上泛舟。还有，在我大儿子8岁的时候，一口气看完他姐姐送的希腊神话后，晚上竟做梦梦到自己和阿喀琉斯并肩作战。

孩子也有失望和不情愿的时候。有一年我过生日，有人叫我一个只有22个月大的侄儿把一小篮樱桃作为生日礼物送给我（那时樱桃的产量很少，所以很贵），他嘴里说着"里面是樱桃"，不情愿地将那小篮子给我。之前，他经常在起床后告诉他妈妈，他梦到那位他喜欢的穿白色军装的军官来找他。但就在不情愿地给我那篮樱桃之后的第二天，却兴高采烈地告诉他妈妈是那个军官把樱桃都吃了。

  对于动物会做什么样的梦，我不知道。只记得匈牙利有句谚语："猪梦见什么？""粟。"这两句话应当能够反映梦是愿望达成的理论。

  其实，我们仅用简单的语言就能看到梦所包含的意义。虽然很多至理名言和科学家们都轻视梦的意义，但梦确实是一种对愿望的达成。正如我们经常感慨的那样：在我最难以让人相信的梦中，我也不敢这样想！

精神分析

精神分析

精神分析——本我、自我与超我

自我监视机构的分离

精神分析源于一种关系到心灵所有内容的东西的研究，它通常表现为症状。

不论从精神分析的发展历程，还是它所受到的待遇来说，出发点都很重要。被压抑物生成症状，就像被压抑物派到自我的代表，但它和自我绝对不同，是一种异质的内部区域，正如现实是异质的外在区域一样。

这是从症状通向无意识、本能的生活及性行为的通道，精神分析正因为研究这些而被驳斥。人们认为人类除了性生活，还有更高级的活动。但也正因为这些活动，思考废话和

弗洛伊德：灵魂与身体总有一个在路上

既成的事实被视为权利。我们知道，人类生病是因为本能生活的要求与自身抵抗之间的冲突。我们从未忽视这种抵制压抑的元素，它符合一般心理学中的自我，是用自我本能包装的。实际上，由于科学工作要取得进展十分艰苦，甚至精神分析也不可能同时研究每一个领域，对每个问题都表达它的观点。

我推测，现在有关自我心理学的论述和从前底层精神领域的介绍，会对你们产生不一样的影响，但我不知道为何会这样。进一步思考后，我需要特别说明：在自我心理学中对事实材料理性分析的程度并不比神经症心理学多。所以，问题是我们研究课题的性质，以及我们不知道如何才能与它和平共处。总之，我并不奇怪为何你们在进行判断时比以前更小心。

若刚开始研究时我们就能了解自己的情况，便有助于找出研究方法。以自我为研究材料的想法可行吗？毕竟自我的本质是主体，又怎样成为客体呢？自我决定能让自己成为客体，能像对待其他客体那样观察、批评自己。这时，自我让它的一部分与其他部分相对。自我能被分离，在它进行某些活动时，至少能暂时分为不同的部分。之后，各个部分又能再次结合。

另外，经过夸张和简化的病理现象，能使我们看到这些容易被忽略的正常的情况。破损的东西显示出的裂口或缝隙处在完好状态时就是接合处。就像我们把一个水晶扔到地上摔碎，这些碎片是沿着一定方向裂开成光滑面的线条形成的。虽然我们看不见这些线条，却是事先由水晶体的结构决定的。精神病人就是这类性质的分裂物或破碎物。

我们对他们有畏惧感。他们已躲避开外部现实，也正因此他们知道更多关于内部的、精神实际的情况，并能给我们揭示一些由其他途径难以认识的事物。

这些患者声称自己甚至在最秘密的行为中，也不停地受到外界监视的干扰。他们的幻觉听到外界那些人报告监视他们的结果"他要说这件事情了，他正穿衣服要出门"，等等。这类监视虽不能说和虐待一样，但相差无几。这代表人们不相信他们，想在他们进行被禁止的活动时抓住并惩罚他们。但能说这些患者正确吗？甚至在每个人的自我中，都有这样的机构，它实行监视、威胁，并给予处罚。它鲜明地从自我中分离出来，并被错误地移置于外部现实。

不知道你们是否同意我的观点。根据临床情况，我认为：自我中的监视性机构和其他部分的分离，或许是自我构造的一个普通特点。我从未放弃这个观念，它促使我进一步分析这样分离出来的监视性机构有什么特征和关系。我很快得出推论。幻觉中的被监视内容已表明，监视只是批判和惩罚的准备，所以我们推测，这个机构的另一方面是我们称之为良心的东西。

超自我的形成是良心的起源

好像没有东西能像良心这样经常让我们和自我分开,并与自我对立。比如,我觉得某种行为能让自己开心,但因良心不允许而没有实现。或者,一个能帮我得到快乐的愿望战胜了我,结果我做了有损良心的事,接着我被自己的良心责备惩罚,以致后悔。所以,开始从自我中分离出来的特殊机构就是良心。但更小心的做法是:让上述机构独立,并假设良心是它的功能之一,自我监视为良心评价工作的基本准备任务是其另一功能。

我们既然承认该事物独立存在,就称它为超自我。我预备听到你们轻蔑地问我:你们的自我心理学是否衰败为仅从实在的原始意义上使用那些日常的抽象观念,除了把它们从概念变成事物,就没什么新东西了?我会告诉你们:自我心理学很难避开众所周知的东西;问题不是做出新的发现,而是对事物采取新的观察和整理方式。进一步分析,病理现象的各种现实为我们的努力提供了基础,而这基础在一般心理学中是找不到的。

这里的超自我拥有一定程度的自主性,能遵照自己的意图做事,在能量供给上,独立于自我。我们一旦了解这种超自我观念就自然会关注某种临床情况,它明显表明超自我这个机构所具有的严酷性,及对自我的各种改造功效。

精神分析

我正思考的是忧郁症的情况，准确地说是忧郁症发作的情形。即使你们不是精神病专家也一定经常听说这方面的情况。关于这种病的起因和机理，我们知道得很少。这种病最让人关注的特征是超自我对待自我的方式：没发作时，忧郁症患者对自己的严厉程度与别人一样；发作时，他们的超自我会变得极度严厉，折磨、羞辱、虐待可怜的自我，且用最可怕的惩罚威吓自我，为自我在很久前的轻率行为而谴责自我。这就像超自我在两次发作的间歇里不停地寻找罪名，等力量强大时，便予以宣布，且据此对自我进行责备性的评价。超自我把最严格的道德标准运用于被它支配的软弱的自我上，它一般代表道德要求。我们突然想到，我们拥有的道德内疚感，就是自我与超自我紧张关系的呈现。体会道德性是一种非常不凡的体验，它被认为是上帝赋予的，并深刻埋藏在我们心中，作为一种循环现象发生作用。几个月后，随着全部道德争辩的结束，超自我的批评也平静了，自我恢复自己的地位并再次享有应有的所有权利，直至下次发作。在忧郁症的某些状态中，这个间歇期内会发生相反状况：自我处于非常快乐的状态中，它庆贺成功，仿佛超自我已丧失了所有力量或已融于自我中；这个自由疯狂的自我让自己的一切欲望都得到真正、无禁止的满足。关于这些状况的原因我们还没有找到。

你们一定希望我多做一些关于超自我形成，即良心起源的全部情况的说明。康德曾在一个著名的论述中,把我们心中的良心和星空并提。一个敬神的人很可能效仿康德的论断,把良心和星空奉为上帝的两个巨作。星空确实壮观,但对良心,上帝则做了件粗心的工作。因为很多人生来既有的良心就很少。我们并未忽略良心起源于神的观点中,包含着一些心理学的事实。虽然良心在我们身上,但在生命之初却没有。这正与性生活相反,后者便产生于生命之初,而非后天形成。然而,孩子无所谓道德,他们没有追求快乐的冲动的心理抑制。开始时由父母的权威行使抑制,之后由超自我承担这种职责。父母一面给予爱的表示,另一面进行惩罚。惩罚代表孩子失去了父母的爱,而孩子为了自己的利益必定会害怕这些。

这种现实的忧虑是之后道德忧虑的先兆。只要父母的影响处于支配地位,孩子的超自我和良心就不会形成。后来,道德忧虑才渐渐形成,外部的约束便内在化了,超自我代替了父母的影响,且采取与父母对待孩子完全一样的办法监视、指导、恐吓自我。这样,超自我就接受了父母这一机构的权力、功能,甚至方法,成为该机构的合法继承者,它直接产生于该机构又继续发展下去。我们将了解它的发展过程。首先来评述两者的不同,超自我好像只选择了父母职权的一个方面,即冷酷和严厉,承接了禁止和处罚的功能,但爱的关心却没有。若父母真的严苛执行他们的权威,我们就能很容易理解孩子为何会形成严厉的超自我。但经验表明，事实正与此相反。即使父母对孩子的训练和教育是和善、温柔的，且尽力避免威吓和惩罚，超自我也能获得同样无情的严厉性。

超自我是自我理想的载体

父母权威转变为超自我的过程的基础是所谓的"自居作用"，即一个自我同化到另一个自我之中，第一个自我在某些方面模仿后者，并在某种意义上吸收后者。如今，人们已不将自居作用不适当地比作别人的人格以补充自己的结合行为，它是一种非常重要的依赖他人的形式，或许是最早的一种，但和选择对象不同。

这两者的不同就像：若一个男孩以他的父亲自居，他的意图是像父亲；若他把父亲作为选择的对象，他就是想拥有他。在第二种情况中，就不需要这种改变了。

自居作用和选择对象在很大程度上相互独立，但当以某个人自居时，也可能是把他列为性对象，又以他作为模型改变自己的自我。性对象对自我发生影响的状况，这种情况经常发生在女性身上，这是女性气质的特征。自居作用和选择对象间的这种具有启发作用的关系，不论是孩子还是成人，正常人还是患者，都很容易观察到。假使一个人失去了对象，他就会以该对象自居，且再次在他的自我中形成该对象，以补偿他的损失。所以，这种情况下，选择对象的行为回复到了自居作用。

可以明确的是：这个在自我内部新生成的拥有更大权力的机构，与恋母情结的命运有很密切的关系，超自我作为具有很重要的恋母情结的后继者产生。随着恋母情结的消失，孩子就必定停止倾注在双亲身上的强烈的精神专注。

为了补偿，孩子会进一步加强效仿父母的自居作用。超自我之所以能在自我中得到一个特殊的地位，完全是由它在情感上的重要性决定的。进一步分析显示，若没有实现恋母情结的克服，超自我的强化就会受阻。在这个发展过程中，超自我也接受了教育者，即教师与被选为理想模范的人的影响。通常，它会越来越远离原先的父母形象。我们应牢记，孩子在不同的生命阶段，对父母有着不同的估计。恋母情结让位于超自我时，父母在孩子心中是非常高大的，但后来却失去了较大的影响。接着，自居作用依据这些后来的父母形象而产生。

它们甚至常对性格的形成发挥很大影响，但在那时，它们只影响自我，不再影响超自我，后者已被最早的父母形象决定了。超自我还有一个更重要的功能：超自我是自我理想的载体，自我根据它来评价自己，尽力模仿它，尽力满足任何它要求的更高的完美性要求。这个自我理想正是早期父母形象的积累，是孩子当时认为父母具有完美性的崇拜的结果。

我相信你们听说过不少有关自卑感的讨论。自卑感被认为是神经症特征的表现，它在一些纯文学作品中常见。运用自卑情结的人认为，这样做能满足精神分析的全部需求，也能让他的作品上升到较高的心理学水平。实际上，自卑情结在精神分析中很少遇到。

区分自卑感和内疚感很难。或许，认为自卑感是对道德自卑感的性爱补充的观点是正确的。精神分析研究几乎不关注这两个概念的界限。

超自我对自我实施压抑

现在我们分析超自我。我们已经限定超自我有自我监视、良心和自我理想的功能。依据我们对超自我起源的说明，它以孩子对父母的长期依赖和依恋情结为形成前提。

超自我代表每个人的道德约束，是我们从心理学方面能把握的、被描写为人类生活较高层次的东西。通常，父母及类似于父母的权威者，是依据自身的超自我的教诲来教育孩子的。不管他们的自我与超自我达成了什么谅解，他们在教育孩子时都是严苛的。他们早忘了自己童年时的困难，他们很兴奋现在能像父母那样对待自己的孩子。所以，孩子超自我的形成依据的模型实际上是他父母的超自我，这与他的超自我的内容相同，并形成传统且与一切抵抗时代风气的价值判断的传递物，代代相传。

我曾想用自我和超自我的差别研究群体心理学，并得到这个公式：心理群体是把同一人引入他们的超自我，并依据这个共同的元素，在他们的自我中求得一致的一些个体的集合。自然，这只适合有领导人的群体。若我们获得更多的这类运用，就能全部理解超自我的假设。同时，当我们熟知心理的底层领域后，在进入更表面、更高层的心理结构时，就能消除现在存在的困难了。不过，分离出超自我解决自我心理学的根本问题，这仅是第一步，但困难的还不只第一步。

还有一个问题需要弄清楚。我们都知道，所有精神分析的理论，建立的基础实际上是对抵抗的理解。当我们想让患者的无意识变为意识时，他就会抵抗。这种抵抗的客观标志是患者联想失败或远离题目。也许他主观上能感觉到抵抗的存在，当他靠近论题时会产生各种痛苦的感情就能说明这一点。但这或许不多见。抵抗出现时，我们对患者说：从你的行为判断，你正处在抵抗状态。他却说自己不知道，只觉得联想起来很困难。结果证明我们是正确的。但他的抵抗是无意识的，就像我们正在分析怎样提升被压抑物是无意识那样。之前，我们曾提出：这种无意识的抵抗产生于心灵的哪一部分？精神分析的初学者认为是无意识的东西进行的抵抗，但这是不可能的。我们认为被压抑物具有某种向上且强大的内驱力，有努力进入意识状态的冲动。抵抗只是自我的一种表现。自我最初抵抗压抑，这时又希望保持压抑。因为我们已假设在自我中存在超自我，可以说压抑是这个超自我的工作：

超自我或者亲自实施压抑，或者由自我依照它的指令实行压抑。如果我们研究时遇到的抵抗未被患者意识到，这就表示在某些非常重要的情形下，超自我与自我均可以无意识地进行工作，或者自我与超自我的某些部分自身就是无意识的。在这两种情形下，我们都必须分析这样一种令人不快的发现：一方面，自我和超自我意识不完全一致；另一方面，被压抑物和无意识也不完全一致。

自我与超自我本身就是无意识的——大部分的自我和超自我能维持无意识状态，并在正常情况下就是无意识的。也就是说，个体根本不清楚它们的内容，需要努力才能意识到它们。实际上，自我与有意识、被压抑与无意识是不一致的。因此，我们认为应将自己对意识与无意识问题的态度做一下基本的修改。

自我和超自我的各个部分在动态的意义上也是无意识的，但在实际运用中极不便利，不过，它或许能减轻问题的复杂程度。我们知道，我们没有权力将不等同于自我的心灵领域的称为"无意识系统"，原因是无意识的特征并不仅限于此。

本我、自我、超自我怎样和谐统一

自我仅为本我的一部分，这部分因接近外部世界，受到外部世界的威吓，产生了有益于本我的变化。从动态观点来看，它从本我中借来能量，是软弱的。

　　整体来讲，自我必须执行本我的指令，通过发现自我能让本我执行指令时圆满适应各种环境下的各项任务。自我和本我就像骑士和马的关系：马提供运动的能量，骑士的权力则是决定运动的目标和指导马的运动。但在自我和本我之间常出现不理想的情况：在这种场合，骑士常需要引导马沿它想走的路行动。

　　本我中有一部分原本属于自我，后因压抑作用，自我对其表现出抵抗态度，便从本我中分离出来。但压抑并未扩展到本我，因此被压抑物合并为本我的其他部分。

　　自我就这样被本我指示，受超自我限制，遭到现实排挤，艰难地完成它的效益职责，让它受到各种内外力量和影响以达到和谐。知道了这些，现在我们就能明白，为何我们常会感慨："生活真不容易呀！"若自我承认它的软弱，便会忽然产生关于外部世界的现实焦虑、超自我的道德焦虑和本我中的激情力量的神经症焦虑。

　　这些分析理解起来比较困难，而且或许不是很明确，因此，在你们思考这种将人格分为本我、自我和超自我时，不要以为它们之间会有鲜明的界线。

　　在实现这种分离后，我们必须将它们再次合并。分化的产生也许因人而异。显示活动中，它们或许会发生变化和经历短暂的退化阶段，特别是自我与超自我的分化。

精神疾病无疑也能生成同样的分离。且不难想象，利用某些神秘术能有效扰乱不同心灵领域间的正常关系，比如，知觉能把握在自我与本我的深层发生的一些事物，但在其他情况下，知觉难以接近这些事物。

我们怀疑这些路径能否指引自己找到最有价值的终极真理。但我们承认，精神分析选择的是类似的治疗办法。确实，这种办法的意图是强化自我，使它更独立于超自我，拓宽它的知觉领域，扩展它的组织，促使它占领本我的新领地。本我在哪儿，自我便会到哪儿。

性本能与死亡本能

性本能与死亡本能的融合

我们曾讲过，若把心灵分为本我、自我和超自我，这种分离能说明我们知识的进步的话，就能让我们更完整地认识心理内部的动态关系，并更清晰地描述它们。我们已得出这样的结论，自我非常容易受知觉的影响，广义地说，知觉对自我就如本能对本我一样具有相同的意义。同时，自我与本我都容易受本能的影响，实际上，自我仅为本我经过特别变化的一部分。

近来，我提出一种本能的主张。依据这个主张，我们需要区分出两类本能，一类是性欲或性本能，这是至今最引人注目和容易分析的。它不但包括不受禁律限制的性本能本身和具有升华作用的冲动或因此引发的受目的约束的冲动,而且包括自我保护本能,必须将这种本能分配给自我,且在我们的研究工作开始时,我们就有充分的理由让它与同性的对象本能对立。另一类本能则不那么容易定义。我们起初把施虐狂看为第二类本能的代表。但因为考虑到生物学支持理论,我们假设存有一个死亡本能,它的职责是将有机生命带回到无机物状态;另外,我们假设性欲的目的是将里面分散着的生物物质微粒越来越广泛地结合起来,进而令生命变得复杂,所以,它的目的是保护生命。既然这两类本能都为重建一种因生命出现而受干扰的状况,那严格地讲,这两种本能都趋于保守。生命的出现就会被看作生命继续的原因,同时也是走向死亡的原因。但生命本身是这种倾向的冲突与和解。生命起源问题将是一个宇宙论的问题。关于生命的目的和目标问题便会得出二元论的答案。

为此,一种特别的生理过程将与两类本能之一发生关联。这两种本能在每个大小不等的生命实体中都活跃着,所以,某个实体就能成为性欲的主要代表。

这种假定没有清晰地表示这两类本能互相融合与混合的方式,但有规律的、常发生的现象却是我们的概念所必须的一个假定。由此因为将单细胞机体结合成多细胞的生命形式,单个细胞的死亡本能便能成功得到抵消,破坏性冲动便可以利用一个特殊器官转向外部世界。这个特殊器官像是肌肉组织；而死亡本能，像会因此而部分显示自己的意思。

一旦我们认同这两类本能相互融合的概念，就将几乎完全解离它们的可能性强加于自身。性本能的施虐狂部分是本能融于一个有用目的的典型案例，施虐狂自身独立的性反常行为则是典型的但非完全的解离。因此，我们能得到之前在这方面没有思考过的关于一系列现实的新看法。我们观察到，为了发泄，破坏性本能习惯上服务于性欲；我们猜想癫痫病发作便是本能解离的一个产物和症状。我们了解，本能的解离和死亡本能的明显出现，是很多严重神经症最值得关注的表现。我们假设，力比多退行的实质便在于本能的解离，反之，正如自早期阶段向发育彻底的生殖器阶段的发展会受增加性成分的约束。在神经症患者的身体里，异常强烈的日常矛盾心理能否不被看成一种解离的产物？而矛盾心理更能表示一种不完全的本能融合状态。

自我通过力比多帮助本我

自我、本我和超自我与两类本能间，可能有什么指导性的关系吗？另外，支配心理过程的愉快原则能否说明它与两类本能及我们在心理上做的这些分化有什么固定的关系？关于快乐原则没什么怀疑的，自我内部的分化有很好的临床证明，但两类本能的区分好像没有足够的证据，人们怀疑临床分析的事实很可能与它相矛盾。

看来这个事实是存在的。尚且不说两类本能的对立，让我们先思考爱与恨的极端情况。想发现爱欲的某个代表没什么困难，但我们在破坏性本能中找到恨这个代表。临床证明，不只爱总以想不到的规律性伴随着恨，不只在人类关系中恨常是爱的条件，且在很多时候，恨会变成爱，爱也会变成恨。如果这种变化远不是时间上的相承关系，就明显没有依据像区分性本能和死亡本能那样的差异。这种划分能让我们预测到的确存在相互对立的生理过程。

我们的分析中包括另一个机制可以把爱变成恨。我们推断，似乎在心理上存在一种能替换的能量，其自身虽然中立，却能与性的冲动，或破坏性冲动合作，这两种本能有质的不同。如果不假定存在这种可替能量，我们无法继续研究——问题是，它来自哪里，属于和代表什么？

本能冲动的性质问题和持久性问题至今没有找到答案。在性的成分本能中，这非常容易观察理解，能将归于同一范畴的这些过程的工作看成我们正在讨论的问题。比如，我们发现，成分本能间存在某种程度的关系，自某个特定的性欲来源中获得的一个本能，能将它的强度转换成用于强化来自另一根源的另一成分本能，一种本能的满足能替代另一种本能的满足。更多有相同性质的事实将促使我们敢于提出某些假设。

这个在自我和本我中，同样活跃、中立、可转换的能量，是从自恋的力比多的贮存库发出的观点，似乎是有道理的。因此，我们能继续假设，这个可转换的力比多受快乐原则支配，以避免能量积压和促进能量释放。另外，只要释放能量，就不会计较释放方式。这是本我中精力贯注过程的特征。在性欲贯注中我们发现，其表现出一种强烈的对象冷淡，它在分析产生的移情中表现得非常明显，不管分析者是谁，它都能表现出来。

若这个可转换的能量是失去性能力的力比多，就能将它描述为被升华的能量。就它帮忙建立的统一性或统一的倾向而言，这是自我的特殊性质依然保持爱欲的统一与结合的主要目的。比如，更广泛的意义上，将思维过程在这些转换作用中分类，思维活动的工作能量也将在被升华的性动机能量中得到补充。

我们回到已讨论过的升华作用能通过自我的调解而有规律地发生的可能性。自我应对本我的第一次对象——贯注，是通过将其中接收的力比多归入自身，并将它结合到依赖认同作用产生的自我矫正中实现。将性欲力比多转变成自我力比多自然包含放弃性目的，即失性欲化。任何情况下，这都说明自我在其与爱欲的关系中的一个重要作用。自我因此从对象贯注中获得力比多，并将自身作为唯一的恋爱对象，与使本我的力比多失去性能力或将其升华，自我的任务和性欲的目的不同，它为相反的本能冲动服务。它只能和另一些本我的对象共同起作用。之后，我们还会返回到自我的这种活动的另一个可能的结果。

这似乎是对代表自恋理论的一种重要的扩充。起初，所有的力比多都在本我中积聚，自我还很不健全。这个力比多的一部分被本我释放出来，成为性欲的对象。这时，逐渐强大的自我便想得到这个对象力比多，并把自己作为恋爱对象而强加于自我。自我的自恋是因为力比多从恋爱对象撤回而获得，并被视为次要的。

我们发现，本能冲动作为爱欲的派生物表现自己。因为考虑和最终依赖爱欲的施虐狂成分，我们很难坚持二元观点，但死亡本能实质上是缄默的，生命的叫喊大多经爱欲发出。

快乐原则在于力比多，即将障碍引入生命过程的一种能量，斗争中作为一种指示服务于本我。若生命由费希纳的恒定原则决定，它便会不停地向死亡过度，但水平的下降受到延误，新的紧张就如本能的需求显示的那样被性欲的要求引进。也就是说，受快乐原则支配的本我以种种方式防止这些紧张。想做到这点，先要尽快遵照非失性欲化力比多的要求去做，即努力满足直接的性倾向。但进一步会用一种更全面的方式实施。这与将所有成分的要求都归入其中的特殊满足形式相关，即释放性欲的物质。在性行为中，性欲物质的排泄在一定程度上是和躯体及种质的分离一致的。这即说明死亡和追求彻底性满足之间的相似特征，又说明死亡和某些低等动物的交配活动一致的事实。这些生物因为爱欲通过满足过程排泄后，死亡本能活动使他们死于再生产活动。最后，正如我们知道的，自我通过让某些力比多为本身及其目的升华，在它对紧张加以制约的任务中帮助本我。

精神分析

暗示感受性与力比多

我们从以下基本事实开始讨论：群体中的个体经由群体的影响在他的心理活动中发生深刻的变化，使他的情感倾向变得非常强烈，而他的智力明显降低，这两个过程明显是通过接近该群体其他成员的方向进行的；仅通过取消对每个人特有本能的限制，并通过他放弃自己特有倾向的表现，才能达到这种成果。我们知道，这些通常不受欢迎的成果在一定程度上仅通过群体的更高"组织化"而幸免；而这和群体心理的基本事实并不冲突，即在原始群体中情感的强化和脑力的约束。现在我们的乐趣是为群体中的个体所经历的这种心理变化而做的一些心理学分析。

尽管个人威胁等理性的因素未包含能观察到的现象，但社会学和群体心理学专家的分析是一样的，纵使这些分析的名称不同。不过，我们要相信布鲁格尔斯，他认为模仿是暗示概念的引申，实际上还是暗示的一个结果。勒邦将社会现象一切让人困惑的特点都追溯到两个元素：个人的相互暗示和领导人的权威。但权威仅通过它唤起暗示的能力才被承认。麦独孤曾指出："情绪的原始诱导"原则或许令我们不需要暗示的假设。当我们注意到别人的情绪的信号时，我们身上拥有的东西常让我们自己进入相同的情绪。而为何我们多次失败地反对这个过程，抑制这种情绪并以截然相反的方式做出回应呢？当我们进入某个群体时，为何总屈服于这种感染呢？这只能说，促使我们服从这种倾向的事物是模仿，在我们身上诱导这种情绪的东西是群体的暗示性影响。并且，除去这些，麦独孤不能让我们回避暗示。我们从他及其他作者那儿知道，群体的独特性在于它特定的暗示感受性。

因此，我们接受这样的看法：暗示感受性就是一种不能还原的原始现象，是人们心理生活的一个基本事实。这也是伯尔尼海姆的看法。我在1889年曾见识过他那让人惊叹的方法。但我对这种粗鲁的暗示感到一种压抑的敌视。当一个不顺从的患者被训斥"你在干什么？反暗示！"我认为这显然不公正，是种粗暴的行为。原因是若人们想用暗示让人服从，那他人必然有反暗示的权利。我的反对主要集中在这种观点上：所有的暗示从来就不用解释。这里，有个古老的

精神分析

谜语：克利斯朵夫生了耶稣基督；耶稣基督又生出了整个世界；可是，克利斯朵夫当时在哪儿？在大概30年避开暗示问题后，现在我要再次研究这个问题。我观察到，固定在该名词上的因袭用法绝不多余，但一直未解释暗示的性质，未解释在没有合适逻辑基础的情况下发生影响的条件。若我没注意到将要开始以完成这个特别任务为目的的详细研究，我不会避开经过研究近30年的资料来支持这个论述。

以说明群体心理学的目标为替换，我想运用力比多的概念，它为我分析神经症提供了很好的帮助。力比多是源自情绪理论的一种表述。我用这个名词称呼那些与包含在"爱"中的所有事物有关的本能能量，并以量的大小来考虑这个尚不可测的能量。我们用爱所指的事物的中心，当然是以性结合为目的的性爱。但并非把不论怎样在"爱"这个名称中共有的事物分离出来，比如自爱、对父母和孩子的爱、友爱及对人类的爱，还有对具体对象和抽象意念的牺牲，我的依据是：精神分析告诉我们，一切这些倾向都是同样的本能冲动的展现；在两性关系中，这些冲动急切地趋于性的结合，但在其他场合，它们就远离这个目的，或避免达成这个目的，即使它们总维持自己最初的本性，也让它们的身份成为能被认识的。

因此，我认为，语言在创造具有许多用法的词——"爱"的过程中，已行使了极其合理的部分统一。我们只是把它作为科学研究和解析的基础。当精神分析做出这个决定时，它引起了轰动，好像它是荒唐的发明行为的罪魁祸首。但它在广泛意义上对爱并未做出独创性的东西。关于它的起源、作用及与性爱的关系，柏拉图的"爱的本能"正好和精神分析的力比多相符，就像纳赫曼佐思和普菲斯特尔详细叙述的那样，当使徒保罗在他的著作《哥林多书》中赞美爱的高尚时，他一定用同样广泛的意义理解它。但这仅仅说明，即使在人们极力表示崇拜时，也并不总是严肃地对待他们伟大的思想家。

因此，精神分析将这些爱的本能叫作性本能，并依据它们的起源称为占有。大多数"有修养的"人将它当作侮辱，且用泛性论的责难攻击精神分析。将性作为对人性的压制和耻辱的事情的所有人，肆意使用更文雅的词"爱的本能""爱欲的"。我可以从开始便这么做，这样能让自己不遭受更多的敌视。但我不想这样，因为我不愿屈服。人们不知道这种屈服能把你引到哪里。人们先在用词上服从，然后慢慢地从实质上服从。我不觉得羞于谈性有什么好处。希腊语"爱的本能"就是为了让这种冒犯听起来更婉转一些，也不过是德语词"爱"的翻版。最后，谁懂得如何等待，他就没必要让步。

所以，我有了以下假设：爱的关系形成群体心理的实质。专家们并未讨论任何这种关系。和这种关系一致的事物明显被暗藏在暗示的屏幕之后。我们的假设从开始便自时下盛行的两种思想那里获得支持。首先，一个群体明显被某种能量聚合起来：这种结合的实质除去归于将世界上的所有结合在一起的爱的本能，还能归于别的能量吗？然后，若个人在一个群体中抛弃他的独特性，使群体的其他成员经由暗示影响他，那么，他给人的印象便是：他确实是这样，因为他觉得有必要和其他成员融洽而不对立，甚至他或许真是"为了爱他们"。

群居本能

前面我们已分析了群体问题。但不能避开我们所做的一切将问题转换到催眠的问题上。关于催眠尚有许多问题有待说明。当前，另一种反对意见给我们呈现了进一步的思路。

人们或许觉得，我们在群体中观察到的激烈的情绪关系，足以说明其成员缺少独立性和创造性，其所有成员的反应具有相似性，即它们降低到群体个人的水平。但若我们对待整体的群体，那它展现的比这个要多。它的某些特征包括如智力的微弱、缺少情绪约束，不能节制和延迟，在表达情绪时偏于超出限度，及用行动把情绪彻底发泄出来。勒邦描述了这样一个令人印象深刻的画面：心理活动退化到类似于原始人或儿童早期阶段。这种倒退特别是普通群体的本质特点，就像我们知道的，在组织化和人为的群体中，很大程度上能阻止这种倒退。

个人隐藏的情绪冲动与智力行为太弱使得依赖它们的自身不行，就要全部依赖经由该群体的其他成员用类似方法进行反复而获得强化，我们对此印象深刻。我们记住的是，这些依赖现象中，多少是人类社会的正常组成成分，在这种社会中会发现创造性和个人勇气是那么少，每个人都被包括种族特性、阶级偏见、公共舆论等方式呈现出来的群体心理态度控制。当我们同意暗示的作用不是只被领导人和每个人对其他人施压时，就我们而言，这一作用便成为更大的问题。我们必须控诉自己曾不公正地强调了和领导人的关系，还更多地将相互暗示的其他元素放在次要位置。

在这种谦虚精神的鼓励下，我们会倾向于接受另一种意见，它的解释以更简单的原因为基础。特罗特的论述很有见解。但唯一遗憾的是，它没有彻底摆脱对最近大战的反感情绪。

特罗特将以上描述追溯到群居本能，这种群居本能正如其他动物种族那样，人类也先天就拥有。他认为，这种群居在生物学上与多细胞结构相仿，并好像是后者的延续。假如独处，他会没有安全感。幼儿表现的恐惧似乎就是这种群居本能。同人群对立就相当于和它分开，所以人们避开这种对立。人群蔑视所有新的或不常见的事物。群居本能好像是某种原始的不可分解的东西。

特罗特认为，原始本能即自我保护、营养、性和群居本能，群居本能常和其他本能对立。罪恶感和责任感是群居性动物特有的。特罗特也将精神分析得出的、存在于自我中的抑制力追溯到群居本能，并将医生在精神分析治疗中碰到的抵制也追溯到群居本能。语言的重要性就在于人群中互相理解的自然偏向，个人相互之间的认同主要凭这种偏向。

勒邦重点关注典型的暂时群体形式，麦独孤关注固定的群体关系，特罗特则注重"政治动物"的人在群体中度过一生的问题，这为我们展现了这种群体形式的心理学依据。但特罗特认为没必要追溯群居本能，因为他将其特征叙述为原始的、不会还原的。他提及波里斯·萨迪斯想将群居本能追溯到暗示感受性是没有意义的。这是种熟悉但不让人满意的解释，其相反的命题，即暗示感受性来自群居本能，好像更进一层说明了这个主题。

特罗特的论述依然受到这样的反对：它基本上未说清群体中领导人的任务，而我们更偏向相反的评判——若忽略了领导人，则不能掌握群体的本质。群居本能对领导人完全不留余地，他几乎是偶然被放进人群里的。另外，从心理学角度来说，不管怎样，群居本能不是不能还原的，它不是自我保护本能和性本能那样原始的本能。

追寻群居本能的个体发生当然不容易。孩子独处时的恐惧，依然更容易得出另一种解释。这种恐惧和孩子的母亲相关，之后就和其他熟悉的人相关，它是未满足的愿望的传达。孩子独处并感到恐惧时，看见任何"人群成员"都会感觉不安全，这种陌生人的接近会使孩子产生这种恐惧。所以，孩子长期没有群居本能或群体感情的性质会被观察到。在有很多孩子的幼儿园里，这类情况最初是在孩子与其父母的关系以外产生的，它的产生也是作为大孩子对小孩子的最初妒忌所做的反应。大孩子一定是因为妒忌想把他的弟弟妹妹撇开，让他们离开父母且夺取他们的所有特权。而对于被父母宠爱的小孩子来说，在不可能不伤害他本人的前提下维持他的敌对态度时，他便让自己与其他孩子互相认同。

　　因此，在小孩群体中便形成了共同或群体的情感，进而在学校继续发展。为此形成的第一个要求是为了公正，为了平等看待所有人。众所周知，若自己不能得宠，那不管怎样都不想别人受宠。若之后相同的过程在别的环境中不能再次被观察到的话，转变幼儿园群体情感替代妒忌心被认为不太可能发生。比如，这样一群妇女和女孩，她们都迷恋一位明星，当他表演结束后她们紧紧围着他。她们每个人都容易妒忌其他人，但当面对她们的成员不可能达到她们爱的目标时，她们便放弃了这种妒忌，以团结去行动，以她们共同的行为对她们仰慕的男子表示敬意。之前她们是竞争对手，这时经过对同一对象相似的爱而成功地将自己与其他人统一起来。

之后，出现的"群体精神"等形式的事物，和之前由妒忌派生出来的并不相悖。没有人非要名列前茅，人人如此，并拥有同样的东西。社会公正代表我们本身否认了很多东西，使得别人也和这些东西无关，或不能对其再要求什么。这种对平等的要求是社会良心和责任的根源，它也在梅毒病人担心传染给他人中意外地展现出来，对此，精神分析已告诉我们应如何理解。他们表达出来的担忧和他们强烈抵制传染给别人的潜意识愿望一致——为何只有他们被感染这种病还被隔离？为何别人不被感染这种病？

如此，社会感情的基础，最初是敌意的情感便转变为认同。我们并不认为对认同作用的分析是周全的，而就我们这时的目标而言，我们只需要统一执行平等的要求。我们知道，其必要的前提是全部成员应获得领导人相等的爱，但别忘了，群体中平等的要求只适用于其成员，而非领导人。全部成员必须彼此平等，但他们均想被领导人统治——很多平等的人能让他们相互认同——人不过是群体动物，是由一个领导人统治的部落中的个体。

精神分析

自我理想

若我们纵观当今的个体生活,并牢记专家们对群体心理学提出的互补的说明,当面临已被揭示的种种复杂问题时,我们也许会失去尝试整合说明的勇气。每个人都是各种群体的组成成分,在很多方面都受到认同联系的约束,并依据各种模型建立起自我理想。所以,每个个体都享有多种群体心理,譬如种族心理、阶级心理、宗教心理或民族心理等。他也能让自己超越这些群体心理,具备某种程度的独立性和创造性。这种固定而持续存在的群体形式,勒邦曾描述过。正因为在这些似乎处于其他群体之上的群体中,我们遇到了正好确定为个体习性彻底消失的奇迹——就算这仅是临时的。

我们将这种奇迹诠释为个人抛弃自我理想,以展现在领导人身上的群体理想代替。我们必须更正并补充它,即这种奇迹并非在每个场合都一样大。在很多个体身上,自我与自我理想的分离不是很鲜明,两者依然容易结合,自我常维持它早期自恋性的自我满足。这些情形有利于领导人的选择。领导人通常仅需要有非常明显和纯粹形式的典型的个人特征,仅需要给人强劲和较多力比多自由的印象。这种情形下,人们通常会向强势领导人屈服,给予他在别的情形下或许无法要求的统治权。而该群体其他成员的自我理想不会未经修改便体现在这个人身上,即其他人会一起被暗示吸引。

我们注意到,对群体力比多结构的解析所能做的,是返回到自我和自我理想的区分上,返回到让这种区分成为可能的双重连接上。认同作用将对象放到自我理想的位置上,将自我中区分等级的假设作为自我分析的第一步,我们必须逐渐从心理学的各个领域确立其合理地位。我在《论自恋》一文中,综合了暂时能用来支持这种区分的所有病理学材料。自我进入了对象和自我理想的联系中,而这种联系从自我中发展出来,是外部对象和作为整体的自我间的一切相互作用。我们对神经症的分析已让我们熟悉了这种相互作用,或许还将在自我内部这种新的行动背景上获得重复。

在这里,我将仅遵照从这种观点看来是可能的结果之一,重新研究一个我在其他方面搁置的问题。我们所熟悉的每个心理分化,都显现出心理功能活动的困难逐步增加,不稳定性的增加也会成为其崩溃的开始，即某种疾病的发作。自我们出生起，就经历着从完全自足的自恋，到感知变化着的外部世界，到开始发现对象的阶段。与此相关的是，我们不能长期忍受事物的新状况，我们在睡眠中常从新状况回到之前缺少刺激和躲避对象的状况。我们的确是在这个过程中服从源于外部世界的启迪，凭借日夜周期性的变化，暂且消除影响我们的大部分刺激。发展过程中，我们使自己的心理存在分离为连贯的自我，及自我之外的潜意识和被抑制的部分——众所周知，这种新事物还不够稳定。

自我理想和自我的分离也不能长期维持，需要暂时将其击破，这是可以假设的。在自我的一切否定和局限中，固定地违反禁忌是种常规。节日制度就是它的一种表现，这种节日制度自源头来看正好是法规允许的越轨，而节日的愉快气氛则是因它们而引起的释放。古罗马的农神节、现代狂欢节在本质特征同原始人的节日是一致的，经常以各种类型的放纵和对其他时刻最神圣的戒律的侵犯而结束。然而，自我理想包括自我需要默认的全部限制，为此，取消这种理想或许能使自我再次感到满足。

当自我中的某些东西同自我理想相配时，总会有欣喜的感情，而罪恶感或自卑感也能被认为是自我和自我理想间的紧张表现。我们都知道，有些人在通常状况下，其心境规律性地从过于压抑经由某种中间状态波动到高度的宁静。这些波动以其不同的幅度显现出来——从刚刚可觉察的波动到抑郁症和狂躁症，而后者对人的生活造成了很大的苦恼或伤害。在这种规律性抑郁的经典病例中，外部原因不起什么决定性作用，而内部动机与其他人相比，也未发现更多或更少的东西，结果人们习惯性地将这些病例看作非心因性。现在，我们要讨论那些非常类似的规律性抑郁的其他病例，从这些病例中较容易寻找到精神上的伤口。

因此，心境的这些自发波动的基础就明了了。我们无法解释狂躁症代替抑郁症的原因，我们假设这些病人是我们的猜想能找到现实运用的人，他们的自我典范在之前非常严格地控制自我后，或许暂且融入其自我中了。

我们要牢记：依据对自我的研究，在狂躁症病例中，自我与自我理想融为一体，以至于处于狂热和自我满足的心境而并不受自我批评困扰的人能感受他的抑制、顾虑别人的情感，及自责都在消除这种快乐，抑郁症的伤感很可能就表示自我的两种动因间的尖锐冲突。

转变为躁狂症并非抑郁症候群不可或缺的特点，有些单一的一次性或再发性的抑郁症，它们从未转变为躁狂症。

另外，也有外部原因凸显病因作用的抑郁症——它们在失去所爱的对象以后出现，或者死亡，或者环境必然促使力比多自该对象返回。这类心因性抑郁症会以狂躁症结束，这种循环能重复多次，就如自发出现的病例一样。所以，这种事情还有点儿模糊，因为仅有一些抑郁症的形式和病例能够得到精神分析研究。我们至今只明白那些放弃对象的病例，因为该对象自身便不值得爱。接着，借助认同作用在自我之内重建，并接受自我典范的严肃批评，于是，指向对象的责备和攻击用抑郁性自责的形式表现了出来。

这种抑郁症也会以转变为躁狂症结束，以使发生这种事的可能性展现出独立于临床描述的特性。但我相信，将心因性和自发性抑郁症共同归因到自我规律性抵抗自我理想上，是正确的。在自发性抑郁症中，可以假设是自我理想偏向展现特别约束，而后自动地使其临时停止；在心因性抑郁症中，因为被自我理想虐待，自我便奋起抵抗。

一般的神经质

自我与精神官能症

我之前的叙述可能不太容易理解,这里我想了解一下你们有何问题。我明白你们想象中的精神分析引论同我的叙述大相径庭,你们需要的并非枯燥的理论,而是现实的例子,而我却给你们讲述了很多冗长又深奥难懂的理论。

我想论述精神官能症,为何不先讲述大家都已理解并感兴趣的神经质,或神经质的人的特点?例如,他们不善于应对人与人的交往沟通和外在影响,以及让人难解的反应;他们敏感、易激动;他们善变、不稳定;他们很难做好一件事,没有治事能力。我为何不从日常简单的神经质形式的说明开始,再逐步论述那些难以理解的极端表现?

我不得不接受这些,这也不是你们的错。我本以为换个方式也许对你们有帮助,但人们往往不能依照自己的愿望进行合理的计划,以至于陈述像安排材料这样简单的事情也很难达到我的愿望,或常常已说完话了,而到底为何这样说而不那样说,这不免又会让我们困惑。

或许是因为精神分析引论已不再能概括这段议论精神官能症的文字——因为精神分析引论包含过失和梦的研究,而精神官能症的理论属于精神分析本论。我想用短暂的时间,简单论述一下精神官能症理论所包含的资料,让你们了解症状的意义及症状形成时所有体外和体内的条件和机制。这就是我将要进行的工作,即精神分析时所能贡献的重点。所以,我提出很多有关原欲及其发展,以及自我发展的概念。你们将会了解精神分析的工作到底是在哪个点上获得其有机的衔接。我曾清楚地说过,我们的全部结果都只来自单独一组的精神官能症,即转移性精神官能症的分析,并且就这一组而论,我也只详叙歇斯底里症状形成的机制。你们虽可能没得到非常完全的了解和完备的知识,但我期望你们已大概知道精神分析的工作方法,及其想要解决的问题,和其所能奉献的结果。

你们期望我开始叙述精神官能症时,先叙述精神官能症患者的行为,及他怎样发病、怎样抵制、怎样设法适应,这

弗洛伊德：灵魂与身体总有一个在路上
fu luo yi de
　　ling hun yu shen ti zong you yi ge zai lu shang

的确是个很有趣的问题，不仅值得研究，也容易说明，但我们也有很多原因不能如此，否则，其危险即潜意识为此将被忽略，原欲的重要性也将被轻视，而所有事情都将由患者自我的观点来评判——患者的自我不可信任或存在偏颇，是人人都知道的。自我经常否认潜意识的存在，而让潜意识进入抑制作用，那在同潜意识相关的地方，我们到底怎样才能相信自我呢？我们若一旦知道抑制作用的性质，就不会容许这个自我担当争执的裁判。我们不要完全相信自我告诉我们的，众所周知，它大多数处于被动地位，但却竭力掩盖这个事实，而它亦很难长期保持这个虚伪的情况——在强迫性精神官能症的症状里，它就得承认自己已遭受一些不得不努力抗拒的压力。

　　一个人若不接受这些警告而甘愿被自我欺骗，接受自我的虚伪，那一切便都能顺利进行了。所以，精神分析因强调潜意识、性生活和自我的被动性而引起的反抗，也就都能避免了。阿德勒说过神经质性格是精神官能症的原因，而不是其结果，但这无法解析一个梦的详情细节。

　　也许你们会问：我们是否会特别关注自我在神经质及症状形成作用中所占的地位，又不完全忽视精神分析发现的其他因素？这自然有可能，只是迟早的问题，但精神分析要进行的研究，却不适合将这个目标作为起点。然而，我们可以提前说明这点，而将这个研究包含其中。有种精神官能症叫自恋性精神官能症，它与自我的联系比其他精神官能症更密切。对这些精神官能症的分析，将使我们正确地评估自我在精神官能症中的地位。

然而，自我与精神官能症间还有一种明显的关系，这种关系好像为多种精神官能症所共有，而在创伤性精神官能症中特别明显。你们须明白，各种不同精神官能症的原因里，都有相同的因素，仅对这种精神官能症来说，这种因素在症状的形成上占最重要的地位，而对另一种精神官能症来说，占重要地位的却是另一种因素。就像剧场的角色分配，每个演员都担任如英雄、心腹、恶徒等特殊的角色，每个人都选择不同的工作，以适应自己的表演特性。因此，令症状形成的幻想，不会像在歇斯底里症中那样鲜明；自我的"反作用"或"反感情附着作用""反向作用"，在强迫性精神官能症中最重要；而妄想症的妄想，则以梦内所谓"二度润饰"为主要特征。在创伤性精神官能症中，特别是因战争的恐怖而引起的创伤性精神官能症，其实是自爱自私的动机、自卫和对自我利益的努力。这些或许不足以致病，但疾病一旦形成便以此保持其势力。

自我对其他所有精神官能症的起因和延续，都有相同的兴趣。我们知道，症状在另一方面能给压抑的自我趋向以很多满足，因此也深受自我的保护，并以症状的形成来解决心理的冲突，因为症状能让自我不再有精神上的痛楚。就某些精神官能症患者来说，即使是医生也得承认，用精神官能症解决冲突，是一种最无害也最能被社会允许的方法。医生有时很同情他要治疗的患者，你们听了会感到特别惊讶。实际上，他原本没必要在各种生活情境中，都视健康为最重要的事；他也明白，除了精神官能症的痛楚，还有其他很多痛苦——确实不能避免的痛苦也会牺牲他的健康。他也明白，一个人患了这种病，就能避免其他很多痛苦；另外，这种病痛，也能让很多人避免极端的困苦。所以，我们虽能说每个精神官能症病人都是因逃避而生病，但也得承认在很多情形中，这种逃避也有充分的原因，且医生也了解这种情形，便只能同意了。

精神官能症靠原欲维系

撇开这些特例，我们继续研究。通常，自我既然因躲避现实而患精神官能症，便能在内心获得某些因病而来的利益。某种情形下，还能有一种具体的外在利益，这在现实中也有些价值。

如果精神官能症有什么利益，自我就能分享，然而自我也因接受精神官能症而遭受很大损失。随症状而来的病痛与症状前的冲突相比，或许相等，或许更大。自我愿用症状消除痛苦，但又不想放弃其因生病而获得的利益。这就是不能两全其美的地方。因此，自我并没有一直在这点上占据其想获得的主动地位，这点我们必须明白。

如果你们是有经验的精神官能症医生，就不会希望那些最痛恨疾病的人们能容易接受你们的治疗，因为实际恰好相反。不难理解，凡能增加因病获得的利益的所有事情，都足以增加因抑制引起的抵抗作用和治疗的困难。此外，还有一种不随症状出现，却来自症状后的利益。比如，长期维持疾病的心理组织，最终会得到一种独立体的特性。它似乎和自我保持本能有雷同的功能，但又与精神生活的其他能量相互结合，包括相反的能量；它容易得到再次展现这种功能和便利的机会，于是便能产生一种第二度的功能，以稳固其地位。

我劝你们别看轻由疾病带来的现实利益，也不必太注重其在理论上的重要意义。除去之前已承认的特例，这事经常能让我想到欧伯兰德在《Fliegende Blatter》杂志中说明动物智力的一个实例。一个阿拉伯人骑着一匹骆驼，在高山中的狭路上前进，一转弯，突然看到前面有头狮子正要向他扑来。他无法逃跑，因为两边分别是深谷和峭壁，他觉得自己只能等死了。但骆驼纵身一跃，背着他一同落入深谷。狮子只能在一旁叹气，毫无办法。精神官能症能给予患者的帮助，没有比这个故事所隐喻的更好的了。或许由于用症状形成的作用来解决冲突，使得患者一旦接受这种解决方法，便只能放弃其高超的智慧。因此，这时如果有选择的机会，较好的办法是勇敢地面对命运。

我不以一般的神经质为出发点的动机是什么？你们或许

觉得从这里论述，会较难说明精神官能症起源于性欲。然而，对转移性精神官能症来说，应先解释其症状，才能发现它同性相关，实际的精神官能症起因于性生活也是很明显的事——我在20多年前便已知道。那时我曾对此有疑虑：检查精神官能症患者时，为何把所有有关性生活的事都排除在外。我开始分析这件事以后，患者渐渐对我不满，但不久后，我的努力让我有足够的理由得出这个结论：性生活若正常，便不致发生实际的精神官能症。这个结论虽然一方面太忽视个体的差异，一方面又因"正常"一词没有确定的意义而让人感到存在缺憾。但大体上，就算在今天，这个结论依然有不小的价值。那时候我甚至能在某种神经质和某种受伤的性状态间建立一种特殊的联系。若我仍有类似的资料来研究，我便能把这些关系复述一遍。我常常发现，一个人若想接受一种不彻底的性满足，如手淫自慰，便会得一种稳定的实际精神官能症；若他过着另一种依然不美满的性生活，其精神官能症会立即转化成其他形式。所以，我能依病人情况的改变得知他性生活方式的转变，我坚信——直至患者不再说谎而能证明为止——但他们那时定会找不询问性生活的医生治疗，而不是精神分析家。

那时我也知道患精神官能症的原因，不全是性生活。有些人虽然因性受伤的情形而患病，但也有人为失去财物或近期遭受强烈的身体伤害而患病。这些不同情况的解释，之后我们自然会明白，对自我和原欲的关系也会有深刻的了解，且越深入分析这个问题，我们对它的了解也越完整。只有当一个人到了其自我不能处理原欲时，才会得精神官能症；自我越强健，处理原欲就越容易；一旦自我的能力稍稍减弱，而原欲增加，就可能患上精神官能症。另外，自我和原欲间还有其他比较深刻的关系，只是这些关系现在还没到探讨的时候。我们最需要关注的是：不论哪个实例，也不论病因，精神官能症都以原欲来维系。所以，原欲的作用就变得不正常了。

这时，我要说明实际的精神官能症症状与精神神经症症状有绝对的区别。实际的精神官能症和精神神经症的症状，都起源于原欲，即症状是原欲的变态用法，也就是满足原欲的替代物。但实际的精神官能症症状在内心没什么意义，它们不但多表现在身体上，且都为纯物质的过程，它们的发生与复杂的心理原因没有关系。因此，人们从前觉得精神神经症的症状与心理无关，现在能肯定，实际精神官能症的症状与心理无关，而它们到底怎样成为原欲的表现的呢？原欲难道是内心活动的一种能力吗？其实，答案很简单。反对者认为，我们的理论仅用心理学说明精神官能症的症状，但从未有一种病禁用心理学理论来解释。但他们忘了，性的机能不单是心理的，它的影响兼有身体和心理。我们明白，精神神经症的症状，是性机能受扰乱后的心理结果，那我们若听说实际精神官能症是性的扰乱在机体上所产生的直接后果，便无须惊奇了。

精神官能症与精神神经症的关系

　　精神分析是一种方法，而非研究对象。这些方法能用来研究文化史、宗教科学、神话学、精神医学，都不会失去其基本特性。精神分析的目的和成就，在于心灵内潜意识的发掘。实际精神官能症的症状，也许直接源于毒性伤害，因此它们不属于精神分析的范畴。

　　实际精神官能症和精神神经症之间，还有一种非常值得关注的关系，能帮助我们增加对后者症状形成的知识。由于实际精神官能症的症状，经常是精神神经症症状的核心和初期，这种关系在神经衰弱症和转移性精神官能症中的转化性歇斯底里症间，焦虑性精神官能症和焦虑性歇斯底里症间，最能被清晰地看到。我们暂且用一种歇斯底里性头痛或背痛为例，由解析结果得知，这种痛是利用凝缩作用和转移作用而成为原欲的幻觉或记忆的替代满足。但有时这种痛也不是因为捏造，而是性的兴奋在身体上的显现。我们本不认为所有歇斯底里症的症状都有这个核心，但它的确是事实，且性的兴奋在身体上的所有影响都能制造出歇斯底里症的症状——它们正如一粒牡蛎采用的砂土，终成为制造珍珠的原料。性交时所有兴奋的暂时表现，都是创造精神病症状最合适且最方便的材料。

有些人虽有精神官能症的倾向，但并未得这种病，不过他们一旦有病态的诱因便足能让症状开始形成。所以，实际的症状，便立刻被用于那些正想展现的潜意识幻觉的武器。医生在这种状况下，会先用一种治疗法，再用另一种治疗法；或设法驱除症状中所有机体的基础，而不问有无精神官能症的倾向；或只管治疗精神官能症，而置其机体的刺激不管。这两种程序有时这种有效，有时那种有效——在这种混合的症状中，确实没有通则。

弗洛伊德：灵魂与身体总有一个在路上

焦虑是心理问题的核心

焦虑与预期心

关于"一般的神经质"的讲解有些琐碎，且很多神经质的人都以焦虑为根，认为这是他们最害怕的负担和烦恼，而我却没有论述有关焦虑的问题。焦虑或害怕实际是非常严重却最无聊的忧心的因素，我不会忽视这个问题，会在此将神经质的焦虑问题明确提出并详细讨论。

焦虑或害怕的具体表现确实没必要描写，谁都可能体会这种感受。神经质的人为何更容易感到焦虑呢？我们还未正式讨论这个问题，或许我们觉得这并不奇怪——神经质与焦虑能相互通用，意义也比较接近，但有些很容易焦虑的人，并非神经质，症状很多的精神官能症病人反而没有焦虑的倾向。

不管怎样，有个事实毋庸置疑，即焦虑是各种最重要问题的核心，只要我们能解决这个难题，便能理解我们所有的心理生活。我不会承诺能给你们一个圆满的解方案，但你们总希望精神分析能以一种不同于学院派精神医学采用的办法分析这个难题——学院派的精神医学注重的是引起焦虑的解剖过程。

有些人或许会用很多时间研究焦虑，而不会想到神经质，也不会将焦虑称为神经质。这种焦虑叫作真实的焦虑，和精神官能症的焦虑不同。真实的焦虑好像是一种很自然且很合理的事。我们认为它是对外部危险或意料、希望中的损伤的知觉反应。这种焦虑和躲避的反射，两者密切联系，能看作一种自我保持本能的表现。引起焦虑的对象和情境，大多因本人对外部的认识和承受的压力而不同。

但真实的焦虑合理且有益。当危险靠近时，唯一有用的是先冷静地评估自己能使用的能量，并和面临的危险相互衡量，然后再决定最有希望的方法。而焦虑自然没有用处，排除焦虑反而有较好的效果。你们应该知道，过度焦虑其实非常有害，这不仅不能帮助人们进行任何行动，而且最终无法避开危险。人们对危险的反应常有两种成分——焦虑和防御，而事实上有助于生存的是防御。

弗洛伊德：灵魂与身体总有一个在路上
fu luo yi de
ling hun yu shen ti zong you yi ge zai lu shang

我们会认为，焦虑肯定不利于生存，首先要关注的是对危险的预期心，有了这种预期心，不仅知觉会更为敏锐，筋肉也会变得更紧张。这种预期心明显有助于生存，如果没有它，或许会产生严重的后果。有了预期心之后，一方面是筋肉的活动——大多数人采取逃避行为，更高明的采取抗拒行为；另一方面是焦虑。若这种焦虑的发展时间越短或强度越弱，那么从焦虑的预期心转化成行动的准备也就越顺利，整个事情的发展就越有利于个体安全。因此，我认为，在我们所谓的焦虑中，其预期心似乎属于有益成分，而其发展则变得有害了。

通常，焦虑用来表示知觉危险时所产生的主观情绪。那么，情绪从动态上讲，到底是怎么回事呢？其性质非常复杂，它含有某种行动的兴奋或发泄；它包含已完成的动作的知觉与直接引起的快感或痛感两种感觉，快感或痛感便给情绪以主要的情调——而我当然不认为这能够彻底说明情绪的本性。对某些情绪，我们好像有较深了解，且明白它是某种特殊的过往经验的重演。这种经验的起源很早，是人们普遍都有的早期经验，能在物种的早期历史中发掘，而非个体历史所独有。或者，一个情绪状态的构造和歇斯底里性精神官能症一样，都是记忆的沉积物。所以，歇斯底里症的发生，可以比作一种新形成的个人情绪，而正常的情绪则可以比作一种遗传。

精神官能症的三种焦虑

你们不要认为我刚叙述的有关情绪的见解是正常心理学共识，相反，这些概念都是精神分析的产物。对于心理学的情绪理论，我们精神分析学家认为根本不能理解，而且不能进行讨论。但我们也不觉得自己有关情绪的知识绝对不可非议，这仅是精神分析在情绪研究层次上的第一步成绩。我们已经知道，这个从焦虑中重新发觉的过去印象到底是什么。第一次焦虑由毒性引起，再一次的焦虑是由与母体分离导致的。我们相信有机体经过无数代，已暗藏将第一次焦虑重复引起的趋势，因此没有人能免去焦虑的情绪。

精神官能症患者的焦虑到底有什么特别的表现呢？

第一，这是一种普遍的顾虑，可以被称为希望的恐惧或焦虑的希望。患这种焦虑的人经常为各种可能的灾难担忧，将每个偶然发生的事件或不确切的事件都理解为坏的征兆。有很多人在别的方面虽不能说有病，但也常有这种恐惧祸患将至的感觉。这种人可以被认为多愁善感或悲观，甚至是杞人忧天，但属于实际精神官能症中的焦虑性精神官能症，就常用这种过度希望的恐惧，为必然存在的属性。

第二，它在内心有一定的限制，经常附着在固定的对象和情境上，这是各种不同的特殊恐惧性的焦虑。你们要留心，恐惧症的对象或内容大致分为三组。有很多对象和情形，常人看来会害怕，它们与危险的确有些联系。我们对这些恐惧症的了解，强度是主体。随恐惧症而来的焦虑难以形容。反之，精神官能症患者对我们在某些情况下担心的事，反而不害怕，虽然它们有相同的名称。

"自由漂浮"的希望的恐惧和附着在固定物上的恐惧症各自独立，没有因果联系，很少混合在一起。最强烈的焦虑亦非必定成为恐惧症，终身患空间恐惧症的人也不一定有悲观情绪。很多恐惧症，如怕空地、怕坐火车等都是长大后形成的，还有一些如害怕黑暗、雷电、动物等则似乎生来就有——前者是严重的病态，后者则是怪癖。

第三种精神官能症的焦虑是个难题，其焦虑和危险之间确实没有明显的联系。这种焦虑或许能在歇斯底里症中发现，并与其症状相伴而来；或发生在不同刺激的条件下，我们虽然知道在这种条件下它有情绪的表现，却未预料到它属于焦虑的情绪；或毫无原因出现的焦虑状态——就算患者本人也不清楚，即使我们进行多方面的分析，也找不出其危险所在。因此，从这些自然产生的病来看，我们认为焦虑能分为很多成分，整个病也能用非常明显的症状，如战栗、衰弱、头晕、心跳、呼吸困难等来代表，但我们认为是焦虑的情绪反而没有了，或变得微小而不引人注意。而这些能称作"焦虑的同等物"的症状和焦虑一样，有相同的临床症状和起因。

焦虑为自我躲避原欲

现在将引出两个问题：真实的焦虑是对危险的一种反应，而精神官能症的焦虑却和危险基本无关，这两种焦虑到底有没有相互联系的可能呢？怎样才能了解精神官能症的焦虑呢？我们暂且期望有了焦虑，就会有感到害怕的事。临床观察给我们提供了很多信息，能用来认识精神官能症的焦虑，现在我们来研究它的意义。

我们知道，期望的恐惧或一般的焦虑和性生活的某些经历有关。对此最简单而又耐人寻味的实例是那些性兴奋被阻止的人们，他们经常因自己强烈的性兴奋得不到彻底的发泄而结束。这时，原欲的兴奋消失，焦虑便产生了。男人的焦虑精神官能症大多因为性交中断，若能纠正性的错误行为，焦虑性的精神官能症便能消除。

而在女性身上，因为她们的性机能本质上是被动的，性行为的进行便由男人决定。一个女人越喜欢性爱并越有满足快乐的能力，那对男人的无能或性交中断就越容易产生焦虑；但对性不感兴趣，或性要求不强烈的女人，遇到这种情况，就不至于有这样严重的后果。

现在，一般医生都提倡抑制性欲，但原欲若寻求发泄却没有满足的出路，又无法转移并升华，那抑制性欲就仅能成为引起焦虑的条件。对于是否因此而生病，那就是其中的数量成分的问题。即使我们不讨论疾病，仅就品格的培育陶冶来说，抑制性欲和焦虑也常常与性要求的自由和包容有联系。这些联系虽能因文化的多重影响而改变，但就一般人，其焦虑和抑制性欲也有紧密联系。

我还未全部说出一切指出原欲和焦虑先天关联的发现，比如在青春期和停经期，原欲会突然增加，对焦虑当然有很大影响。在很多兴奋的情形下，我们也能了解性兴奋与焦虑的混合，和原欲兴奋最终被焦虑取代。这些产生的印象是双重的：一是原欲积累增加而没有正常发泄的机会，二是只属于身体历程的问题。焦虑到底怎样因性欲而产生，这至今还不清楚，只能说，性欲消失后，焦虑便产生。

对精神神经症，特别是歇斯底里症的研究，能获得第二种信息。焦虑常是这种病的症状之一，没有对象的焦虑也能长期存在或表现于发病时。患者不能说明其恐惧的原因，因为常借二度润饰作用使其和最可怕的对象构成联系。我们若研究其焦虑或伴有焦虑的症状发生的情境，便能知道其被阻止而产生焦虑到底是什么样的心理过程。这个过程应伴有一种特别的情绪，但很奇怪，这个应伴随的情绪，不管是哪种都能被焦虑代替。所以，我们若产生一种歇斯底里性的焦虑不安，那它在潜意识中对应的情绪，可以是性质类似的情感，也可以是正面的原欲兴奋或反抗、攻击性的情绪。因此，在其受到潜抑作用时，焦虑便产生。

有些病人的症状中存在强迫，它好像能免除焦虑，这些人提供给我们第三种信息。我们若严禁他们做这些强迫行为，或他们要主动取消某种强迫行为，他们便会被一种巨大的恐惧逼迫，从而臣服于这种强迫行为。我们已经知道，焦虑潜藏在强迫动作下，他们之所以会有这种强迫行为，是为了躲避焦虑。所以，强迫性精神官能症，其焦虑是症状的代偿；歇斯底里症也有相似的关系，即潜抑作用会产生一种简单的焦虑，或一种含有其他症状的焦虑，甚至一种无焦虑的症状。因此，从抽象意义来讲，症状形成的目的，仅在于躲避、消除焦虑的发展。所以，焦虑在精神官能症的问题上，明显有重要的位置。

我们通过认真研究焦虑的精神官能症知道：原欲若失去正常的应用方式，便会产生焦虑，这种经过以身体历程为基础。从歇斯底里性的精神官能症和强迫性精神官能症的研究来看，我们又能知道：心理的抵抗，也能让原欲失去正常的应用方式。所以，有关精神官能症的起源，我们只知道这些。我们将要开展的第二步工作，是构建精神官能症的焦虑和真实的焦虑的关联，这好像很难办到。或许有人认为，这两者无法比较，精神官能症的感觉同真实的焦虑的感觉，很难区分。

我们希望的关联，可以用自我和原欲的对比来说明。焦虑的发展，是自我对危险的反应和躲避之前的准备，这是已

弗洛伊德：灵魂与身体总有一个在路上

知的。我们现在进一步推断，自我在精神官能症的焦虑中，也有躲避原欲要求的意图，其对待体内的危险也像对待体外的危险那样，这样"凡心有虑，必有惧"的假定也能证明了。就像躲避外界危险时，筋肉会马上紧张，准备做防御工作，如今精神官能症的焦虑的发展，也让症状形成，所以，焦虑就有了稳定的基础。

由此可知，焦虑的目的是自我躲避原欲，其起源仍在原欲内。我们须记住，一个人的原欲是他的一部分，而不是身外之物——这是焦虑的发展的"形势动力学"的问题，至今仍不明了。

现在，我们先分析孩子焦虑的来源，和附着在恐惧症上的精神官能症的焦虑的起源。

焦虑在孩子中非常普遍，我们很难决定其到底是真实的或精神官能症的焦虑。实际上，分析完孩子本身的态度，这种焦虑的区别就大有问题了。因为一方面，我们发现他们畏惧陌生的对象和情境。但我们若考虑他们的柔弱与无知，便能释然。所以，我们认为孩子有真实焦虑的偏向，若这是遗传，那便是唯一适用的偏向。孩子好像仅在重演史前人类和现代原始人的行为，他们因为无知且无助，对新奇、陌生和不熟悉的事物都会感到恐惧，但这些事物在我们看来却没什么可怕的。若孩子的恐惧症，至少有一部分能被看作人类发展早期的遗物，那正好符合我们的期望。

精神分析

另一方面，我们不能忽略孩子的焦虑不完全相等。那些对许多对象和情境感到特别害怕的孩子，长大后，常变成精神官能症病人，因此真实的焦虑若太过分，那是一种精神官能症偏向的记号。所以，焦虑心理较神经质更原始。我们能断定，孩子或成人的经历对原欲能量的畏惧，仅由于他们对任何事物都恐惧。所以，焦虑源自原欲的观点就被否定了。但对真实的焦虑的条件的分析，从逻辑上讲，能得到下面的结论：本身软弱无助的意识长大后若还有，就成为精神官能症的真正原因。

若某些孩子极易因教育训练而了解焦虑，且又对未受警告的事物害怕，那我们便能推测他们在禀性上比别人有更多的原欲需求，否则就是被原欲的满足宠坏。我们知道，如果一个人不能长期忍受大量的不能发泄的原欲，那他很容易患上精神官能症。所以，其中含有一种先天因素，对此我们从未否定。我们抗议的，仅是从观察分析结果来看，先天因素本无地位，或只占微不足道的地位，而其学者却非要强调这个因素而彻底排斥其他因素。

孩子的恐惧起初同真实的焦虑无关，但与成人的精神官能症的焦虑有密切关系。这种恐惧就像精神官能症的焦虑一样，源于被抑制的原欲。孩子一旦失去爱的对象，便用这种恐惧取代外在对象或某些情境。

孩子的焦虑这样，恐惧症也这样。总之，原欲若不能发泄,就会不停改变成一种接近真实的焦虑,外界某种不重要的危险,就被当作原欲期望获得的代表。这两种焦虑一致,不足为怪。孩子的恐惧不仅是后来的焦虑的歇斯底里症的所有恐惧的原形,还是其直接前奏。每种歇斯底里症的恐惧,即使因为有不同的内容,而必须有不同的名称,也都能追溯到孩子的恐惧,并是它的延续状态。两种情况的区别,在于它们的作用因素。成人的原欲就算暂不发泄,也不足以转变为焦虑,因为他们已经知道怎么保存原欲不用,或怎样用于他处。但若原欲也附着于一种曾受压抑作用的心理的兴奋,那接近于孩子的情景会随之再现,由于退化作用,使其回到童年时期的恐惧,便令原欲转变为焦虑。

原欲以焦虑的方式寻求发泄是因为潜抑作用的直接作用。转变为焦虑,并不是受压抑的原欲最终的命运。在精神官能症中,还有一种程序的目的在于阻碍焦虑的发展,但方法不止一种。

对于恐惧症,其内容的重要性,就像显梦的重要性一样。哈尔曾指出,在各种恐惧的内容中,不论其怎样变化,其中仍有很多种由于物种发生的遗传关系,决定其适合成为恐惧的对象。且这些恐惧的对象,除了与危险有象征关系,很多都没别的关联。

所以,我们相信,焦虑的问题在精神官能症的心理学中占据中心地位。我们还认为,焦虑的发展同原欲的命运、潜意识系统有十分紧密的联系。只是，真实的焦虑是自我本能用来保持自我的一种方式。这个事实虽然难以否认，但还不能圆满地存在于我们的学理系统中，这是我们的理论不足的地方。

弗洛伊德：灵魂与身体总有一个在路上
fu luo yi de
ling hun yu shen ti zong you yi ge zai lu shang

压抑是为躲避不愉快

原始压抑与固有压抑

在反抗中，让冲动不发挥作用是本能冲动变化的一种。我们进一步研究得知，在某些条件下，冲动会进入压抑状态。假如问题在于外部刺激，所采取的方式是躲避。而就冲动来说，躲避没有用，因为自我无法躲避自己。实际上，抵抗本能冲动比较好的方法是拒绝，它建立在评判基础上。压抑是谴责的前期表现，处于躲避和谴责之间。关于压抑的明确论述在精神分析理论以前是没有的。

从理论上分析压抑并不容易。本能冲动为何会有这种变化？产生这种变化明显有一定的必要条件，即实现本能目的应产生不愉快而非愉快。但这种可能性又很难想象,从未有愉快的本能的满足。因此,我们须设想出一些特别的情况,某些过程令愉快性满足变成了不愉快。

为了更好地界定压抑,我们对其他本能情形进行了研究。有时,一些外部刺激会转化为内部的。比如,饮食过量损伤了某些器官,便生成一种新的兴奋源,并致使紧张度增强。这种刺激与本能非常相似,我们对于这方面的经验能用疼痛说明,但这种"假本能"只为中止器官的改变和相伴的不愉快,疼痛的中止不会得到其他的直接快乐。另外,疼痛具有强制性,要驱除疼痛须改变受伤的器官或克服心理伤害的阴影。

压抑不能在本能没有满足的紧张状况下达到不能忍受的程度。因此,机体的抵御办法须在别的联结中进行研究。从临床经验中我们发现,被压抑的本能很可能获得满足,且在任何情况下满足就其自身来说都是快乐的,但它与其他的目标、要求都不兼容,便会产生有时快乐有时不快乐的情况。于是,其后果便为压抑创造了条件,即由不快乐引起的动机能量超出了由满足产生的快乐。精神分析通过对移情性神经症的观察得出这样的结论:压抑最初并非一种抵御机制,只当意识和潜意识间出现明显的"裂缝"时,压抑才会出现。压抑的实质是将某些东西从意识中分离开,且保持一定距离。有关压抑的这种理论主张更完整地说明,在心理组织达不到这个阶段前,躲避本能冲动的职责是由本能可能产生的变化担负的。

想更深入分析压抑的范围及其与潜意识的关系，我们必须先弄清楚心理结构的连续性以及潜意识与意识的区别，接着再深入分析压抑的实质。如此，我们便能对临床观察到的压抑的特征做出非常清晰的描述。

我们假设有种原始压抑，为压抑的第一个阶段，由被拒绝进入意识的本能的心理表征构成。因它才有了"固着"，而后表征保持不变，而本能附着其上，这由潜意识过程的特性决定。

固有压抑是压抑的第二个阶段，对压抑的表征的心理派生物发挥作用，或对与之相关的其他思想链产生影响。这些观念或思想具有相同的被原始压抑的宿命，所以，固有压抑便成了一种"后压力"。另外，只强调意识对被压抑物的直接排挤是不对的，关键是原始压抑的事物经由互相吸引能够构建新的联结。若这两种能量不合作，被压抑的事物没有随时准备接受被意识拒绝的事物，那压抑的目的就没有意义了。

精神神经症的分析，让我们察觉到压抑的严重后果，我们很容易高估心理压力，而忘记压抑并不会阻挡本能表征在潜意识中的继续存在，不会阻挡它组织各种能量建立新的联结。实际上，压抑只能令本能表征和意识的关系被干扰。

精神分析还让我们注意到压抑给精神病患者带来的其他的严重后果。比如，本能表征在压抑下摆脱意识的影响后，其发展就更少被干扰而变得更充分。它在黑暗中扩展,用极端形式表现,当它们转换成神经性并展现在神经症患者身上时,经由令其看到奇异、危险的本能能量而让患者害怕。这种本能的假象,来自未被压制的幻觉发展和挫折满足的压制后果,于是便带来了压抑真实意义的导向。

压抑是为了躲避不快乐

让我们再次观察压抑的反面,若觉得压抑是对意识中一切原始压抑的抑制,那也是不对的。若这些派生物完全脱离了压抑的表征,都能自由出入意识,那么,对意识的抵制好像和原始压抑的距离有很大关联。精神分析中,我们经常要求患者尽力释放被压抑的派生物。这些派生物因为其间接性或曲解性,都能通过意识的审查。确实,我们要求患者给出的联想不受意识的目的性观念左右,经由这样的联想,我们便构成了被压抑表征的意识性转移,这些联想明显属于间接的和曲解的。通过这个过程,我们看到,患者能编织一个联想系统,直至他能反抗某些思想,那么,受压抑便会很明显了,于是,他就这样被迫重复自己的压抑。神经症症状也是这样,因为它也是压抑的产物,通过自身奋斗,方能把被意识否定的事物带到意识层面上。在意识进行反抗并将其驱除前,观念的曲解性和间接性到底会达到什么程度,我们还不能确定一个通则。显然,有种微妙的平衡产生了,仅仅只是遮挡了我们的视线，但它的操作方式却能让我们假设，当潜意识的贯注达到某种程度时便会中止，超过时便会寻求满足。所以，压抑在个体间存在明显的差异。每个被压抑的后果或许都有自身的特殊变形，曲解的变化多少会改变整个后果。这样，我们便能理解人为什么尤其喜欢某些目标，而厌恶相同知觉与经验目标的理想化，所以，人与人的区别就是由非常微妙的变形导致的。就像我们寻找恋物癖的缘由时发现，原始的本能表征很可能会分为受到压抑和因这种紧密的联结而理想化两部分。

类似的，曲解程度的增强或减弱亦能通过其他器官的活动而得到。比如，在产生快乐和不快乐的条件下，为改变心理能量的活动，用快乐代替本应产生的不快乐，我们已采取了一些特殊技术，以消除被拒绝的本能表征的压抑。迄今为止，有关这些技术的详细研究只在《诙谐与潜意识的关系》中出现过。作为一个规则，压抑只能暂时消除，它很快又会恢复。

这类观察能让我们了解压抑的更多特性。压抑的活动不只存在个体差异，还有极度的动态性。不能以为压抑的过程是一次性的，结果是永恒的。压抑需要连续的能量付出，一旦压抑停止，人便会受伤，所以压抑必然会以新的行为出现。我们假设，被压抑的观念在意识的连续压力下行动，想平衡这种压力须有持续的反压力。所以，从经济学角度来看，维持压抑需要有持续的能量释放，如此，压抑的消除才能节约能量。压抑的动态性在睡眠中亦能看到，压抑自身足以产生梦，清醒后，睡眠中的压抑便消失了。

要知道，我们对压抑的本能冲动的研究很少。如不片面看待冲动的压抑，这冲动的形态或许相差很大，或许不活泼，或许很活跃，需要不同程度的心理能量。它的活动确实不会引起压抑的直接消除，而是由迂回的方式调动所有的过程让冲动被人意识到。潜意识中没被压抑的观念往往由它活动的程度或贯注决定。每天都会出现的现象是，只要一种观念代表很小的心理能量，那它就不会受压抑，即使其内容会增强它和意识中主导观念的冲突。观念的数量决定了冲突，一旦某个基本的不利想法超出某个力度，冲突就会产生，并导致压抑。所以，就压抑而言，对潜意识的能量贯注越多，把它从潜意识中挪开或曲解的能量就越少，即压抑的偏向会因为厌恶度的减弱而找到压抑的替代者。

我们认为，所谓本能表征，即一个或一组来自对本能限制的心理能量贯注的观念。临床观察帮助我们对所谓的"单独存在物"做出了分类。它说明，除了观念，也应考虑表征本能的其他因素。压抑的其他因素或许与观念有很大不同，我们一般将心理表征的其他因素叫作情感量。作为对本能的反应，它从观念中分离，与其数量相称，用情感的形式表现出来。以此为基点，在描述压抑时，我们采用分离方式，即作为压抑的后果,哪些变作了观念,而哪些变作了附着于观念的本能能量。当我们能对两者的变化进行一般性解说时,必会让我们欣慰——只要再努力些,我们就能真正这样做了。代表本能的观念的一般性变化,若曾是意识的,就会从意识中消失;若想转为意识的,就要独立于意识而存在。差别并不重要,就像让不受欢迎的顾客离开。自精神分析的角度来看,从数量上而言,本能表征有几种可能的活动——要么本能全部被压制,要么以情感形式出现,要么变成焦虑——我们将更多地去研究后两种可能性,即本能进一步向情感,特别是向焦虑的转移。

事实说明,压抑的起因和目的只是躲避不快乐。属于表征的情感量的变化远比观念变化更重要,这个事实对压抑过程的评估有决定作用。若压抑不能躲避不快乐的情绪,那便说明压抑失败了,尽管从观念意义上它达到了目的。压抑的失败比成功更能激起我们的乐趣,原因是成功的压抑在很大程度上会逃过我们的审查。

压抑机制

现在是尝试讨论压抑过程中的机制的时候了,我们特别想了解到底是一种还是一种以上的机制在起作用,精神神经症是否因压抑机制的不同而不同。因为问题比较复杂,我们还没有明确的答案。若观察限制在观念层面的压抑结果,我们便会发现，它一般构造出替代形成。替代形成的机制是什么？我们是否该在这里区别出不同的机制？我们已经知道，压抑常在其背后表现症状。那么，我们是否能假设，替代形成和症状形成相伴产生，若在总体上如此，那症状形成的机制与压抑的机制是否一致呢？最常见的可能性是两者有很大差别，并不是压抑本身生成替代形成和症状，替代形成和症状却是回归压抑的标志，它们附着在其他的过程中。如此，考虑压抑的机制前，审查替代形成与症状的机制形成大概是可取的。

虽然进一步的假设不现实——所有设想都应建立在对不同神经症压抑后果的谨慎研究上——但我建议，在对意识和潜意识的关系形成可靠的概念前，最好将这个研究推迟。为使现在的讨论有所收获，我觉得要先弄清楚这些问题：压抑的机制确实并非和替代形成的某个机制或所有机制一起产生；有很多的替代形成机制；压抑的机制至少在撤回能量贯注或力比多贯注前，专门用于对付性本能这点是相同的。另外，把问题局限在精神神经症的三种著名形式中，我会举一些例子论述这些概念是如何应用于压抑的研究的。

我将举一个动物恐怖症的病例来说明焦虑性歇斯底里症。压抑的本能冲动呈现为对父亲的力比多态度，以及产生惧怕心理。通过压抑，冲动从意识中消失，父亲也不再是力比多的对象，而被某些能成为焦虑对象的动物替代了。就观念部分来说，替代形成是因为某种特别方式下观念链的移动作用。冲动在数量上没有消失，而转移成了焦虑，用对狼的畏惧替代了对父爱的需要。这个病例甚至不足以解释最简单的精神神经症，有很多其他问题需要思考。动物恐怖症的压抑很不成功，它的作用仅是转移和替代观念，但不能去除不快乐。正因这样，神经症才不至于中止行动，为达到其即时和重要的目的，便走入了第二个阶段：躲避——固有恐怖症的形成———系列的躲避都是为了预防焦虑的释放。更深入的研究让我们理解了恐怖症实现目标的机制到底是什么。

在研究真正的转换性歇斯底里症时，我们需要换个角度观察压抑过程，这时，它最显著的特征是情感量的全部消失。一旦这样，患者的症状就会出现无所谓状态。其他情况下，这种压抑并不都成功：有些使人痛苦的感觉会附着到症状上，或表明防止焦虑的某些释放是不可能的，结果引起恐怖症形成的机制。本能表征的观念内容已完全退出意识，作为一种替代和症状，过强的神经支配便出现了，有时是感觉，有时是行动，或兴奋、或抑制。进一步的观点说明，过度神经支配的部分恰是被压抑的本能表征自身。这些叙述并不能让我们对转换性歇斯底里症的全部机制都明白，特别是压抑的因素问题，这将从别的联结中予以考虑。由扩散性的替代形成引发的歇斯底里症压抑基本失败；而就情感量问题来说，又是基本成功的。在转换性歇斯底里症中，压抑过程全由症状形成，而不用发展到第二个阶段，更准确地说是无终止的发展。

关于强迫性神经症的压抑，首先我们会感到奇怪——到底是力比多还是敌意倾向附着于压抑。强迫性神经症将压抑作为基点，用情爱代替施虐倾向。正是对爱人的仇视本能产生了压抑，压抑的初期和后期经常有不同的后果。最初压抑是成功的，观念内容被拒绝，情感就消失了。作为替代形成，自我变化，意识成分显然增加，这很难叫作症状。这时，替代与症状并非同时产生。不论是强迫性神经症，还是其他病，压抑使力比多退缩，但这是经由反向形成达成的。所以，这种情况下，替代形成和压抑有同样的机制，且是共生的，不管在顺序还是概念上都与症状形成不同。或许正是这种关系构成了整个过程，使压抑的施虐冲动出现。而压抑虽获得最初成功，但并不能持久，随着时间的发展，失败便渐渐凸显。矛盾利用反向形成生成压抑，而被压抑的矛盾成功使矛盾重现。消失的情感又以社会焦虑、道德焦虑和良心谴责的形式出现，被拒绝的观点用移置来代替。就如我们在歇斯底里症性恐怖症中看到的，数量和情感上的压抑失败会导致同样的躲避机制。但被意识拒绝的观念却还在固守，因为它避免行动，让冲动的行为被抑制。所以，强迫性神经症的压抑变得没有结果。

在完全认识压抑的过程中和神经症症状的形成前，我们

弗洛伊德：灵魂与身体总有一个在路上

还要进行更广泛的研究。极其错综复杂的因素让我们只能用一种方式理解，我们须依序采取不同的主张，而后利用实际资料分析，直到获得可利用的结果。对病人进行的所有单独治疗，其本身都是不全面的，那些仅涉及皮毛而并没被仔细看待的方面更令人费解。但我们希望，最终的综合分析能得到对压抑的正确认识。

精神分析

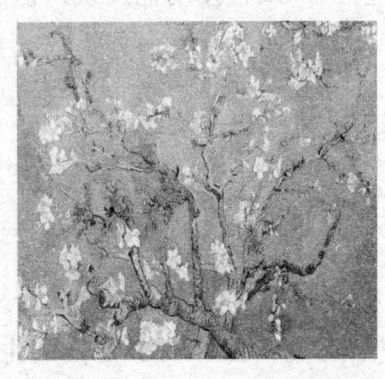

移情

将无意识化为意识

我之前的研究以复杂的精神分析研究为主而未涉及治疗问题，由于其中一些现象能告诉我们新的事实，离开这些，将很难精确了解我们一直分析的病症。我明白大家极想知道的并非实际进行研究治疗的技术向导，而是精神分析治疗的一般程序和内容。关于这点，我希望你们能自己探索认识。

现在，你们已对病发条件及造成病态心理的原因有了基本的了解，但影响治疗的起始点在哪里呢？第一是遗传性因素；第二是儿童期开始时的经验影响；第三是受现实中的挫折影响，致使在生命过程中因缺少爱而导致不幸。

弗洛伊德：灵魂与身体总有一个在路上
fu luo yi de
ling hun yu shen ti zong you yi ge zai lu shang

或许你们认为患者若受社会道德约束，治疗就能给予他勇气，或直接劝他反抗，但放弃崇高理想以期自身健康将被人鄙视。那么，健康也许能从随心所欲地生活中得到，但精神分析或将为此而窒息。

到底是什么让你们产生了这种错误的想法？难道是研究治疗让人随心所欲地生活导致的？由于纵欲与压抑间、感官与苦修间的冲突一直存在，这种冲突不能用一方压倒另一方来解决。当习惯了苦修的生活，被压抑的性冲动就蠢蠢欲动；反之，习惯了感官的生活，被忽略的抑制欲望的需求就要寻求满足。因此，很难通过解决其中一方来解决内在矛盾，因为总有一方得不到满足。不过，有很小一部分的冲突情况极不稳定，医疗上的劝告会有某种效果，实际上这种情况无须研究治疗，相信医生的人自然能找到解决方法。毕竟，一个年轻人在节欲中通过非法性交弥补心灵的空虚，或选择偷情的妻子，不需要获得医生的同意就可以去做，更不用说精神分析专家了。

在思考这个问题时，人们经常忽视整个困难的重心，即精神病患者的病态冲突不同于常人在两种相反的冲动之间的病态冲突，而是介于已进入心灵的意识前和意识阶段的能量都留在了无意识阶段的能量间的斗争。因此，这冲突不是解决任何一方就能行的。两个敌对者不和谐最好的解决方法就是让他们同时进行——我觉得除此也没有别的方法了。

另外，若你们以为在研究治疗中，要对生活上的各种问题都提供很多忠告和向导，这是不正确的。相反，我们尽量不做顾问，甚至希望患者能自行评判。因而，凡是有关职业选择、经济计划、结婚或离婚等所有生活上的重要问题，在治疗时我们都会持保留态度，希望患者在治疗完成后再决定。然而，若患者年纪很小或不能自立，我们就要将医生和教育家的工作连接起来——在这种情况下，我们知道责任重大，态度也就会非常谨慎。

当我们激励精神病患者随心所欲地生活而被指责时，不要觉得我们是卫道士，这和我们治疗工作的目标无关。我们并非改革者，而是观察家。既是观察，就要用批判性的眼光。因而，我们不能站在传统的性道德观上，也不能高估性生活和社会上的各种问题。我们明白所谓的社会道德通常要付出很大的代价，也明白这些作为不值得赞颂，亦无智慧可言。就这点来说，我们诚恳地请社会大众指正，甚至请患者评判。而对性的问题也如其他问题那样，经常让患者做出公正的考虑。这样，他们在治疗后，在享受性和绝对禁欲间就能自主判断，各用其法，不管最后结果如何，我们在良心上都不会感到内疚。我们相信一个受过良好教育的人，就算他的道德标准有时会与社会公认的标准不同，也能让他被保护而不会产生不道德的危险。因此，请不要夸大禁欲引起的精神官能症的问题。实际上，因欲望受挫或因情忧郁等病，能不费力地通过性交而解决的，只占少数而已。

所以，享受性爱不能说明精神分析的治疗效果，需要另辟蹊径。我否定你们的这种假想时，所用的办法是把无意识换成意识，同时也把无意识化作意识。我们把无意识事物换成意识性事物时，能使压抑消除，除去导致症状的原因，并将造成病因的冲突改变成能被解决的正常冲突。我们在患者心中引起的是一种心理变化，我们治疗的效果要达到的程度，即以此心理变化为区域。

我们将努力目标以各种形式表现出来，即把无意识事物加以意识化、消除抑制、增添记忆的不足等，它们都具有相同的意义，所以，你们也许会不满意这样的解析，并认为精神官能症患者恢复健康与此稍有不同，认为患者在接受许多繁复的精神分析后会蜕变，而目前的结果仅使患者心中的无意识减少、意识性增强罢了——你们或许低估了这种心理变化的重要性。

康复后的精神官能患者的确像变了个人，也就是说，他配合自己的各个条件已达到最好，这是很重要的事。若你们明白了这些，以及为充分发挥它们而必须在精神生活上做出微小改变，那你们就能了解各阶段间差别的重要性。

潜抑作用与抗拒作用

我暂且撇开这个话题，问你们是否明白所谓"原因疗法"

的意义。一种治疗方法若不注重疾病的表面症状，而寻找某个点来消除疾病的起因，就是原因疗法。精神分析是原因疗法吗？想回答这个问题并不容易，但我们因此却相信这种问题与实际不符。精神分析的治疗自然不以消除症状为直接目的，所以和原因疗法的程序稍有相似。但另一方面却不这样，因为我们寻找病因时，远溯其潜抑作用，并深入研究其本能倾向，以及在构造上的相对强度与其发展过程中的失常现象等。现在，假设我们能用某种化学方法来改变心理的机能，或随时增减原欲或冲动的能量，这就是名副其实的原因疗法。但就像你们知道的，如今还没有这种影响能涉及原欲的历程，我们的精神分析疗法在因果系列的另一个点上，这个点不在症状之上，而在较远的症状的下层，这里仅在很奇特的情况下才会被我们靠近。

我们到底要做什么才能让病人的潜意识进入意识呢？从前我们认为这非常简单，只需要搜集这些潜意识的资料并告知病人，就完成了。但如今我们明白，这是短浅的。我们对病人潜意识的认识和他本人对它的认识程度不同。我们把知道的事告诉他，他却不能消化并来代替其潜意识的思想，他就算能兼容并蓄，但实际上也没有什么变化。我们因而用地形学的观点对待潜意识的资料，从他记忆中的潜抑作用起初引起的地点上求解。只有先除去这种潜抑作用，接着用意识思想替代潜意识思想的方法才能马上完成。但怎样才能除去

弗洛伊德：灵魂与身体总有一个在路上
fu luo yi de
　　ling hun yu shen ti zong you yi ge zai lu shang

这种潜抑作用呢？我们的工作便进入了第二个阶段：先发现潜抑作用，再除去这种潜抑作用所赖以持续的抗拒作用。

怎样除去这个抗拒作用呢？仍用同样的方法：先弄清楚阻抗作用的所在，然后告知患者。抗拒作用或源自我们正要除去的潜抑作用，或源自之前曾活跃的潜抑作用，这些都是为了借构建反作用而抵抗不合意的本能冲动。潜意识在这儿有两层意义：一个是一种现象，另一个是一个系统。这点好像很隐蔽，不易被人们认识。我们如果能因诠释而认识抗拒作用的所在，就会希望其阻抗作用被抛弃，那么，反作用力则会消失。但到底有什么本能的推动力可供我们控制，让这件事成功呢？首先，是患者恢复健康的期望，让他愿意配合我们。其次，是理智的帮助，能增加我们解析的能量。如果我们能给患者一点提示，那他自然较容易通过理智来发现其抗拒作用，而在其潜意识中发现与此抗拒作用相符的观念。

若我们用这种方法求解潜抑作用、抗拒作用及被压制观念的所在，便能克服抗拒作用，除去潜抑作用，并将潜意识的材料变为意识的材料。我们正要这样做时，马上就会意识到在每个抗拒作用被克服时，患者的心理就会产生激烈的斗争：一方面要援助抗拒作用的起因，对立方则要去除阻抗作用的起因——前者是原本动机，后者为新动机，有利于矛盾的解决。因而，我们成功将因潜抑作用临时和解的争执再次引发。我们对此做出的新贡献，首先是使患者了解旧的解决办法足够致病，而新办法才能使其康复。另一方面，让患者知道冲动本能被拒绝后，情况会大不相同。因为之前的自我比较柔弱，很怕原欲压制的危险，而尽力设法躲避，但此时的自我强大而富有经验，再加上还有医生的帮助。所以，我们希望它与再次引起的冲突抗衡，会比潜抑作用更成功。歇斯底里症、焦虑性精神官能症、强迫性精神官能症的成功治疗，就能说明这一切。除此，还有类似疾病的情况，而我们的治疗方法并不能奏效。在这些病症中，最初自我和原欲间产生的矛盾，是形成潜抑作用的因素。

如今，若我们潜心研究歇斯底里症和强迫性精神官能症，又会马上面对一个意料之外的事。患者在略微接受治疗后，对我们便会有一种特别的行为。我们认为这会影响治疗的动机能量，而且，经过充分评估自己和患者间的情境而得到了一个最可信的结论。但在评估之外，似乎还有外来事物突然进入。这个意外的新现象本身非常复杂，我先要叙述一些比较常见且简单的形式。

患者原本只需要关注自己的心理矛盾，可他突然会对医生产生一种特别的兴趣——凡与医生相关的事，好像都比自己的事更重要，于是，患者不再集中精力在自己身上，所以，他同医生的关系一时会变得非常和谐。患者会很服从医生的要求，尽力表达其感激之情，并显露出令人意外的美德。医生因而也对患者产生了好感，医生若有机会见到患者的亲人，

弗洛伊德：灵魂与身体总有一个在路上

也会很高兴地听患者对其亲人说一些尊敬医生的话，因此，其亲人也会对医生心怀感激。医生自然也会表现得很谦虚，认为患者尊重自己是因为希望自己能让他康复，且治疗让患者增加了认识。于是，精神分析也有了惊人的进步，患者明白了医生的暗示，医生也得以专注于治疗工作，分析所需的资料随时可得，解析正确可信，连医生本人也感到惊奇，认为患者深信这些被外界反对的新的心理学观念确实让人非常高兴。精神分析中这种和谐的关系，令患者的病情也逐渐好转。

但这种情况不会一直持续下去，也会有失灵的时候。这个时候，精神分析遇到阻碍，患者表明自己没什么可叙述的了。我们也慢慢察觉到他不再对此感兴趣，有时，你只让他叙述自己所想的事，而不必顾虑批评或反对，他也充耳不闻。他的行为不再受治疗情境控制，治疗也因此而变得困难，这是因为抗拒作用再次产生了。

这种情况下，产生扰乱的原因就是患者移置于医生的强烈的依恋，但这种感情并非医生的行为和治疗的关系所能解析的。其表达的方式和要求的目标，自然也要视两者间的情形而定。比如，一个少女与一个青年恋爱很正常，一个女人常和一个男人单独约会，互相谈隐秘的事，而这个男人又处于指导者的地位，那她爱慕他也很自然。但是，一个有精神官能症的女人的爱的能力一定会有些不正常，这个事实，我们暂且不论。两人之间的情形若与此假定情形的差别越大，爱慕就变得越不能被理解。但若年轻女人遇人不淑，医生又没有爱人，那她若对他产生爱恋，或两人彼此因爱慕而恋爱也能理解。这种情况不在精神分析的治疗范围内，而且也不少见。但这种情况下，女孩和妇女们经常提出控诉，看来她们对治疗的问题有种很特别的态度——她们明白，除了爱情没有别的办法能治疗她们，且在治疗初，她们就已期望有这种关系，以填补自己实际生活中所缺少的安慰。只有凭借这种愿望，她们才会容忍分析的烦琐，不惜表露内心想法，并克服所有困难。

转移关系

我们要承认一个被称作"转移关系"的事实，它指患者将感情转移到医生身上，但限于治疗的原因，无法解释这种感情的起源。我们甚至怀疑它源自另一方面：先在患者内心酝酿，再借治疗的机会转移到医生身上。转移感情的表现可热烈，可舒缓。

男性和女性一样，也会仰慕医生，顺从或妒忌所有与他有关的人。转移关系的升华作用常见于男人与男人之间，但直接的性爱关系很少，患者能将一切明显的同性偏向以其他方式展现。另外，精神分析家常发现男性患者的另一种表现，它起初看来像敌对或否定的转移关系。

弗洛伊德：灵魂与身体总有一个在路上

转移关系在治疗之初，发生于患者的内心，是最强大的动力。这种动力的效果如下：若能让患者合作，且有助于治疗的进行，自然没人能看到或理会它；反之，一旦它变成了抗拒作用，就变得不吸引人了。它改变患者对治疗的态度，是因为两种相反的心理：爱的吸引力变得太强大，并带有性欲的意味，所以引起了内心的反抗；友爱变成了敌对。通常，敌对情感的发生常比友爱出现得晚，且用后者来掩饰。若两者源自同一时刻，便能成为感情冲突的最佳例子，这个冲突决定着我们和其他人间一切最密切的联系。因此，敌对的情感与友爱的情感，同样表示着依恋之情，就像反抗与服从虽相悖，但实际上都依赖他人而存在。患者对医生的敌对心态，自然也被看作移情作用。治疗的情形未引出这种情愫产生的原因，所以否定消极的转移关系，就能证明积极的转移关系。然而，感情转移从哪儿产生？会导致什么困难？我们怎样克服这些困难？我们能从结果中得到什么利益？这些在分析方法的技术说明中将会被仔细讨论，因而在此只做简单暗示。医生不可能屈从患者因感情转移所提的要求，但若对这些要求处理不当就不合常理了。医生要做的是告知患者，其感情并非自现状产生，且与医生本人无关，而是很久之前发生的事在患者心中重现了。用这种方法克服感情转移，需要设法让患者一再重述和回忆。这样，不论依恋还是敌对心理，这些对治疗构成强大威胁的感情转移，在此时反而成了最好的工具，并借此让患者情感中紧紧关闭的心门得以打开。

感情转移对歇斯底里症或焦虑性歇斯底里症、恐惧性精神官能症在治疗上有很重要的意义，因而，把这些病通称为"转移性精神官能症"。任何人若对仅从分析的经验中有关感情转移的事实中有真正的体会，便会相信对冲动压制实质上反而会引发征候导致疾病，这一点无须再从原欲的本质上取得更充分的证实。因此，只有将感情转移现象的意义确定后，才能最终明确地把问题判定为原欲的补偿性满足。

自然，每个正常人都有能力将原欲投注给他人，精神官能症患者的感情转移偏向只是比较突出罢了。如此重要又普遍的人性的线索，若说至今还没被发现及利用，那会让人感到奇怪，而实际上，这一点柏恩罕已经完成了，他以人们多少都会被暗示和可接受暗示的机会为条件，构建了催眠学说。他所谓的可接受暗示性即感情转移偏于倾向，只是范围小，不包含负面转移。但他没有提及暗示的实际意义和发生的由来，他不知道可接受暗示是依据性的特点和原欲的功能而来。我们须承认，为在转移作用的形成中再次发现其暗示，我们很难用催眠状态来医治。

我们得知，有自恋性精神官能症的人没有感情转移的能力，即使有也是残缺的。所以，他们拒绝医生不代表有敌意，只是不关心而已。他们不会接受医生的感化，这只会令他们变得冷淡。因此，能让其他患者排解矛盾的病因和克

弗洛伊德:灵魂与身体总有一个在路上

服抗拒的意志的医治过程,在他们身上无效,对此,我们也无能为力。

据临床经验,这些患者不想把原欲投注给他人,就投给了自身,所以,我们已把他们和第一类精神官能症患者区分开来。在他们想接受治疗的言行中已证明了这一点,因此,我们的任何努力都是白费——我们不能治愈他们。

精神分析

女性气质

女性气质的觉醒

自古以来,人们就对女性气质的性质着迷。男人们常会为一些问题感到困惑,女人们却不会——因为她们正是问题所在。

一般而言,当我们遇见一个人时,第一反应是:"他是男是女?"这已形成了一种习惯。而解剖学对这种认识有更深刻的见解:精子和卵子及储藏它们的有机体构成了两性器官,它们的功能是从事性活动。它们起源于相同的遗传物质,却进化为不同的结构。两性的其他器官、身体结构则展示了人体性别特征,不过,这种特征是不稳定的、可变的,这就是第二性征。

同时,研究认为女性身上会出现部分男性性器官,尽管它们发育不全,反之亦然。而且,分析还认为,这是双重性别特征的表现。另外,作为男性与女性成分结合的比例,有很大的不确定性。除了特殊情况,一个人身上只能显示一种性别产物——卵细胞或精液。也许你们会感到疑惑,并认为构成男性或女性气质的东西是解剖学所不能掌握的特性。

然而,心理学能回答这个问题吗?我们已把"男性的"和"女性的"作为精神特征来运用,同时把双重性别特征的概念融入了精神生活领域。我们并不能赋予"男性的"和"女性的"新的含义。当我们说"男性的"时候,意指"主动的";说"女性的"时候,意指"被动的"——精子是活跃的,而卵子则是静止的。

男人追求女人并与之性交,这种看法把男性气质的特征说成是具有攻击性的。但对某些动物而言,雌性却更富于攻击性,而雄性则只在交配时才具有主动性。如果考虑到这些情况,你们可能会怀疑上述说法的正确性。养育幼儿被认为是女性特有的美德,然而事实并非如此,在某些动物中,照料幼崽由两性分担,有的则是由雄性独自承担。即使在人类的性生活中,把男性行为等同于主动性,把女性行为等同于被动性也是不恰当的。不论怎样,母亲对孩子都是主动的,可以说哺乳是母亲给婴儿喂奶或者她被婴儿所吮吸。女人能够表现特有的主动性，而男人却不能与其同类一起生活，除非他们形成了被动适应性。也许你们会说，这正说明了男人和女人都是双重性别的。就我看来，这对于追求有价值的目的不合适。人们从心理学方面将女性气质描述为喜爱各种被动性目标，而喜爱被动性目标与被动性不同，实现被动性目标需要大量的主动性。

我们不能忽视，在女性气质和本能生活之间，有一种特别的关系对女性攻击性产生了压抑，这种压抑使女性产生了强烈的性受虐狂冲动。正如我们知道的，这种压抑约束了女性性欲中的破坏性倾向。然而，这种倾向正转向女性自身。此时，人们会说性受虐狂是女性的行为。但是，在男人当中也发现了性受虐狂，这时我们又该说些什么呢？

目前，我们已经明白心理学对女性气质也一筹莫展。通过分析女性是如何从具有双重性别倾向的孩子成长起来的事例中，我们掌握了一些情况。一般说来，年幼的女孩很少具有攻击性、对抗性和自我满足感，她们更期待抚爱，从而具有依赖性和顺从性。这种顺从使她们能够通过训练来控制排泄，而排泄物是婴儿们给予照看者的第一份礼物。

人们原以为在肛门受虐狂时期，女孩已展露出在攻击性方面的不足，而事实并非如此。部分女性研究者从儿童游戏中分析出，年幼的女孩的攻击性在丰富性和猛烈性方面都完整无缺。当进入崇拜男性生殖器时期，两性间的不同就被两性间的一致遮掩了,我们不得不承认此时的年幼的女孩就是幼年的男孩。正如我们所了解的,在那个阶段,他们已经知道从其阴茎那里获取快感,年幼的女孩则通过阴蒂获取快感。看来,她们的手淫行为都是通过阴蒂来完成的。当然,也有一些关于早期阴道感觉的孤立的报告,但是要把这些感觉与肛门或前庭的感觉进行区分并不容易;同时,这些早期的阴道感觉也不可能起重要作用。我们坚持这种看法:在崇拜男性生殖器时期,女孩的阴蒂是主要的动欲区。但是,情况会一直如此吗?伴随着女性气质的产生,阴蒂把它的敏感度和重要程度都移交给了阴道,这是女性在其自身发展中完成的两项任务之一。

阉割情结

现在让我们来看看在女孩自身发展中的第二个任务。母亲是男孩爱情的第一个对象,从本质上说,在他的整个生活中亦是如此。对女孩来讲,她的第一个爱情对象也是她的母亲。然而,在俄狄浦斯状态中,父亲却成了女孩的爱情对象。于是,女孩将不得不改变其动欲区和对象。但对于这两种情况,男孩都维持原状。于是我们产生了疑问:这种变化是怎样发生的?换句话说,女孩是怎样从男性阶段转向女性阶段的?

我们假设,在某个特定的年龄,两性间相互吸引能被孩子清晰地感知到,并推动年幼的女孩趋向男性,同时,让男孩继续和母亲在一起,那么,这种假设将是一个虚构的简单的解释。

我们还可以假设,在这个阶段,孩子们遵从了父母给予他们的在两性偏爱方面的暗示。然而,我们并不认可这种两性间相互吸引的能量。通过认真分析,我们发现了一种不一样的结果。我们知道,某些女人到晚年时仍依恋着父辈。而在这之前,我们知道女孩有过一个依恋母亲的预备性时期。在某一些实例中,这种对母亲的依恋会延续到14岁以后。我们从女孩与父亲的关系中所了解的一些东西,都显现在这种早期的依恋中,并且在后来都转向了父亲。

这些分析有着惊人的发现,例如,精神分析研究历史中曾有一件使我苦恼良久的趣事。那时我的主要兴趣在于发现婴儿的性外伤。我的女性患者都告诉我,她们曾被自己的父亲诱奸过。但我最后被迫承认,这些报告都是假的,我明白,歇斯底里源于幻想,而不是源于真实发生的事件。后来,我才从这种关于被父亲诱奸的幻想中,分辨出它是典型的女性俄狄浦斯情结的表现。

而现在,在女孩的前俄狄浦斯时期,我们又一次发现了对于诱奸的幻想,不过这时诱奸者却变成了母亲。但是,这一次幻想涉及的却是真实的,因为母亲在给女孩擦身洗澡时,唤醒了而且可能是第一次唤醒女孩在生殖器方面的愉悦感。

我们将把兴趣转向下述问题:是什么东西促使年幼的女孩对母亲的强烈依恋趋向消亡?我们清楚,这种依恋的通常

弗洛伊德：灵魂与身体总有一个在路上

命运是要让位于对父亲的依恋的。在这里，我们发现了一个事实：一般说来，当仇恨的一部分被克服时，它的另一部分就会得到坚持，这种态度在儿童较晚时期产生了很大的影响。我们来分析年幼的女孩的依恋情感转向父亲时对母亲的敌视态度，而且仅限于讨论这种态度的动机。我们收到一份很大的表格，上面囊括了对母亲的各种抱怨，人们希望可以用它们来证明孩子这种敌视情绪的正当性。我们需要正视这些抱怨，分辨它们是否正当。

对母亲的非难可以追溯到儿童发展的最早时期，主要是因为母亲喂给孩子的奶水太少。今天，在很多人的家庭中，就存在着这样的事实，母亲们常常不会为孩子们提供充足的营养品，只是满足于给孩子们喂几个月奶。而在原始人中，母亲哺乳孩子的时间长达两三年。不过，不论真实的情况如何，孩子对母亲的非难也不能经常被证明具有合理性。确切地说，孩子对早期的营养品的要求是不知满足的，他们不愿意去克服失去母乳的痛苦。

孩子把他们早年生病的原因归咎于失去母乳这一挫折，同时把他们遭受挫折的原因归咎于所发生的任何事情。当保育室里出现新生儿时，他就会对母亲爆发出又一种责备。因为母亲需要为新生儿准备营养品，就不能再给原来的孩子喂奶了。他把妒忌的仇恨转嫁给新生儿，并抱怨母亲对自己不忠诚，这种抱怨展示出他的行为开始令人生厌了。

这一切人们都十分熟悉。但是，对于这种忌妒性冲动的强度和它们对以后发展影响的重要性，我们却没有正确的观念。在儿童时代的晚期，这种妒忌抵挡着对新的食品的诱惑，弟弟或妹妹的诞生都会使整个打击重复一遍——即使这个孩子仍然是母亲喜爱的宝贝，情况亦然。

孩子对爱的要求没有节制，他们不能容忍别人的分享。对母亲的仇恨在于他们多样化的性愿望。这些愿望源于力比多的发展，而它们多半不能得到满足。如果母亲不让孩子用生殖器获得快感，而这种行为说到底是由母亲本人传递给孩子的，那么孩子就会在崇拜男性生殖器时期遭到挫折。

人们会觉得，这些理由能够说明女孩对母亲产生厌恶感的原因。如果真是这样，这种厌恶就是从孩子的性欲特征、从他们对爱的要求的无节制特征，以及从他们的性愿望不能得到满足的状态中产生出来的。孩子的这种最初的爱情关系是必定要消亡的，而原因就在于它是早期的东西，这种早期的对对象的精神专注包含着矛盾的心理。强烈的攻击性倾向总会伴随着强烈的爱。一个孩子越是爱他的对象，他就会对在这个对象那里所遭受的挫折越敏感，而这种爱最终会屈服于积聚起来的恨。这种对于在性的精神专注中存在着诸如上述矛盾心理的见解，很可能会遭到否定。人们可能会认为，这是母亲与孩子关系的特殊性质，它以同样的必然性倾向毁灭孩子的爱。因为即使再温柔的抚育也不能避免强行手段和种种约束，所以，这种干预孩子自由的行为将引起他们的反抗性和攻击性倾向而遭到反抗。

但反对意见则使我们把兴趣转移到了其他领域。人们发现，蔑视、爱的失望、妒忌和由于禁忌而产生的诱奸等情况，也在男孩与母亲的关系中发挥着作用，但却不可能使他放弃把母亲作为爱的对象。

因此，我们只有找到某种女孩所特有的东西，而不存在于男孩身上，我们才能说明女孩终止对母亲依恋的情况。我们已发现了这种特殊的因素，它蕴含于阉割情结中。两性间的解剖学性质的区别最终会表现为心理学的结果。不过，当我们听到女孩声称她们的母亲应对她们缺少阴茎负责，认为自己受到损害而不会宽恕她们的母亲时，我觉得妇女也具有阉割情结。

在女孩的成长中，发现自己被阉割是一个转折点，由此会产生三条可能的发展路线：导致性约束或神经症，使女性的性格向女性男性化情结转变，保持正常的女性气质。

在第一条路线中，女孩仍然是以男性方式生活，她通过刺激阴蒂获得快感，并把这种活动与她以母亲为目标的性愿望连接起来，这种愿望是主动的，但受到阴茎羡慕的影响，她没有了男性生殖器性欲意义上的乐趣。

因为和更优秀的男性相比较，她的自爱心受到了伤害，所以她放弃了从阴蒂得到快感的手淫方式，并否定了对母亲的爱。她对母亲的反感并非突然发生的，因为女孩一开始只是把她的阉割看作自己的不幸，后来才把阉割与别的女性联系起来，并最终与她的母亲联系起来。她的爱是指向在她看来具有男性生殖器的母亲的，后来因为发现母亲也遭到阉割，她就不再把母亲当作爱的对象。

女性男性化情结

上述的发展把女孩在崇拜男性生殖器阶段的主动性扫除一空，如果在这种扫除过程中女孩的主动性没有丧失过多，那么所形成的女性气质就可能是正常的。导致女孩转向父亲的愿望无疑就是一种对阴茎的渴望。但是，如果对阴茎的渴望被对婴儿的渴望取代，一种女性情势也就随之建立起来了。

我们发现，在崇拜男性生殖器这个时期，女孩就期待有一个婴儿了。她将对这个婴儿做她的母亲曾对她做过的所有事情。直到产生对阴茎的渴望时，这个婴儿才变成来自女孩父亲的婴儿，后来又转变为最强烈的女性愿望这一目标。

如果婴儿的这种愿望实现了，女孩就会觉得特别幸福，而如果这个婴儿是一个带有女孩所渴望的阴茎的小男孩，情况更是如此。在"来自父亲的婴儿"的描述中，常常强调的是婴儿而不是父亲。

随着对阴茎、婴儿的愿望逐步转向以父亲为目标，女孩便进入了俄狄浦斯情结的状态。她对母亲的敌视加强，因为母亲成了她的竞争者，母亲从女孩父亲那里得到了女孩也期望获得的一切。在这一时期停留了一段时间后，女孩便摧毁了俄狄浦斯情结，但不彻底。在这种情况下，超自我的形成将会受到妨碍，它将得不到使自己具有文化意义的能量和独立性。

弗洛伊德：灵魂与身体总有一个在路上
fu luo yi de
　　ling hun yu shen ti zong you yi ge zai lu shang

　　但是，当我们向男女平等主义者说明这种情况对一般女性特征所产生的影响时，她们并不会感到高兴。我们也曾提到，强有力的女性男性化情结作为对发现女性被阉割的第二种可能的反应发展了起来。这一情结说明，女孩不愿意承认被阉割这一事实，她甚至夸大自己过去的男性气质，坚持手淫，而且逃避到在她看来具有男性生殖器的母亲或父亲的自居作用中去。那么，产生这一结果的决定性因素是什么呢？

　　我们只能假设它是某种气质上的因素，不论它是什么，这个过程的本质在于：在发展的这一阶段，女孩躲开了开辟转向女性气质道路的被动性浪潮。这种女性男性化情结的实现，将影响到女孩的对象选择，使之趋向同性。

　　然而，不久之后她又会对自己的父亲失望，于是就会退回到早期的女性男性化情结中去。这些失望情绪的重要性不应被加以夸大，注定要形成正常女性气质的女孩也会产生这些情绪，尽管它们会有不同的影响。

　　我们指出，性生活被男性与女性的对立倾向影响。于是，这种看法主张思考力比多与这一组对立面的关系。倘若这种看法能指出每种性别都有适合自己的特别的力比多，并使一种力比多追求男性性生活目标，另一种力比多追求女性性生活目标，那么这种看法就不会使人觉得奇怪了。

　　然而，上述情况并不存在。事实上，只有一种力比多，它既适合男性的性功能，又适合女性的性功能。

精神分析

我们不能将任何一种性别指定为力比多本身。我们如果按照主动性等于男性气质的传统公式，倾向把利力多描述为男性的，那么我们就不能忽视，它也包含着具有被动性目标的倾向。然而，如果说存在着与此并列的女性力比多，则缺乏充分的理由。我们的观点是，当力比多被迫用于女性功能时，它就受到了更大的压抑。例如，女性的性冷淡。

我将要告诉你们一些我们在精神分析观察中发现的成熟的女性气质的其他精神特质。比如，我们觉得大多数自恋现象属于女性气质。

这种看法也影响到女性对对象的选择，对她们来说，被人爱与爱他人相比是一种更强烈的需要，而且，对阴茎的羡慕对妇女自然形成的虚荣心也产生影响，因为她们会提升自己的魅力，从而作为她们早期性低能的一种补偿。

自居作用

羞怯心被看作一种非常优秀的女性特征。我们认为，它的作用在于掩盖生殖器方面的缺陷。我们没有忽视羞耻心在较晚时期的其他作用。女性几乎对文明史上的各种发现和发明的贡献并不大，但是有一种技巧即编织，很可能是她们发明的。

自然本身通过在人的成熟期长出阴毛以遮掩生殖器，为女性发明编织技巧提供可供效仿的样式。尽管大自然的这一步骤使人体皮肤长出毛发并混杂在一起，但是它却被女性保持了下来，体现为使各条线互相交织的编织活动。

女性选择对象具有决定性的因素，可能是由各种社会条件造成的，也许具体情况很难描述。然而，这种选择能够自由进行的话，它就是女孩根据在自恋情境中所希望得到的那种理想化的男性形象做出的。倘若女孩仍然有着对父亲的依恋，即俄狄浦斯情结，她的选择可能就是类似于父亲的模式。因为，当她从依恋母亲转变为依恋父亲时，当她对母亲怀有充满矛盾心理的不满态度时，这种选择便可能保证婚姻的幸福。

然而，这种选择的结果也无法处理由上述矛盾心理所引起的冲突。伴随对父亲的依恋而来的就是对母亲的敌视，这种敌视延续下来并传递到新的对象身上。女性的丈夫首先是父亲的继承者，然而过了一段时间之后又变为母亲的继承者。于是，在女性生活的后半生中，就可能充斥着与丈夫的战争，如同在她的前半生中充斥着对母亲的抵抗一样。这种情况一旦经历并完成，后半生的婚姻生活就很自然地变得十分令人满意了。恋人们对女性性格中的另一个变化毫无准备，这个变化可能在头胎婴儿诞生后出现。因为女性本人变成了母亲，她很可能恢复模仿自己母亲的自居作用——尽管她曾经反抗过这种自居作用，直到结婚时才停止。

这种自居作用使女性将所获得的力比多都吸引到自己身上，从而使这种强制性重复重演了其双亲的不幸婚姻。母亲对儿子或女儿的出生所产生的不同反应，说明缺少阴茎这个古老的因素即使到现在都没有失去能量。母亲在与儿子的关系中得到无尽满足，总的来说，这是最高的完善，使她最大限度摆脱了对所有人类关系的矛盾心理。母亲很可能把她一直压抑在心中的抱负寄托于儿子，期待从他那里实现自己过去的女性男性化情结中遗留下来的愿望。甚至，倘若妻子不能成功地使她的丈夫也处于自己儿子的地位，成功地以母亲的身份对待她的丈夫，她的婚姻就会不牢靠。

我们可以把女性模仿其母亲的自居作用分成两个时期：第一个是前俄狄浦斯时期，它埋藏于女性对母亲的深情依恋中，并把母亲当作楷模；第二个时期由俄狄浦斯情结构成，它试图摆脱母亲并以父亲代之。然而，富于情感的前俄狄浦斯依恋则决定着女性的未来，这一时期为使女性获得这样一些特点做好了准备：这些特点将使女性在以后实现她在性功能方面的作用并履行无尽的社会职责。由于这种自居作用，她还得到了吸引男人的魅力，使男人对其母亲的那种俄狄浦斯依恋在此时爆发为对她的狂热激情。不过经常发生的情况却是，只有男人的儿子才获得了他本人所希求的东西！

人们通常的看法是，男人之爱与女人之爱在心理学意义上不一样。女性被认为缺少正义感，这种情况显然与妒忌在她们精神生活中的支配性相符合。因为正义的使命就是限制妒忌，并做出某种规定，只要人们遵守这种规定就能摒除妒忌。

人们还认为，女性的社会兴趣没有男人大，她们更缺少使自己的各种本能得到提高的能力。前面一种情况无疑源于那种属于一切性关系特征的自私的性质。情侣们互相得到满足，即使组成家庭，也反对处于更复杂的群体中。提高的能力很可能造成个体的最大变化。

另一方面，我必须提到一种来自分析实践的印象，即一个30岁左右的男人，在我们看来是一个年轻的、有点不够成熟的个体，我们期望能充分利用精神分析为他揭示各种发展的可能性；然而相同年龄的女性，却经常显示出心理上的僵化和不变性，我们对此感到惊奇。

她的力比多已经稳固在最终状态，而且几乎不可能产生其他状态了。对她来说，没有通向进一步发展的道路，全部前进的路程似乎都已走完，并且也不会再接受治疗的影响了。的确，在这个通往女性气质的艰苦历程中，她似乎已经用完了与人类有关的一切可能性。作为治疗者，我们对这种事态感到惋惜，虽然通过解除患者的神经症冲突，我们治愈了她的精神失调症。

上述就是关于女性气质我所能告知你们的一切情况。它们可能并不完善，听起来也可能并不顺耳。但请不要忘记，我对女性所做的论述只限于她们的气质受她们的性功能影响这一种情况，这种影响的确非常深远。不过，我们也没有忽视下面的事实，即个体的女性也能够作为人生活于其他领域中。倘若你们想了解更多关于女性气质的情况，你们应该询问自己的生活经验，或去向诗人请教，或者等待科学为你们提供更深刻、更首尾一致的看法。

性爱与文明

人类与性

倒错倾向

你们一定认为"性的"包含的意义毋庸置疑——所谓"性的",就是不正当、不该说出或写出的。有个著名的精神病学者,他的几个学生为了让老师相信癔症的症候伴有性的意味,便带他到一个患癔症的女人床边——这个女人的症状是在模仿生孩子的动作。老师说:"生孩子未必就是'性的'。"不错,生育并非不正当。

实际上,要给"性的"一个确切的定义并不容易。或许仅和两性差异相关的事才能为"性的"下定义,但那显然很空洞,也很不确定。如果把"性的"动作作为中心,你们会

弗洛伊德：灵魂与身体总有一个在路上
fu luo yi de
ling hun yu shen ti zong you yi ge zai lu shang

以为"性的"是指从异性的身体上获得的快感，狭义上即指生殖器的交合和性动作的完成。但是，如果这样说的话，你们几乎将"性的"等同于"不正当的"，但生孩子却和不正当无关。如果以生殖作为性生活的目的，那难免会把手淫或接吻排斥在"性的"定义之外，但是，显然手淫或接吻不以生殖为目的，却是"性的"。因此，很难完整解释什么是"性的"，但概括地说，大家都知道"性的"的意义。

人们普遍认为，"性的"包含两性的差别、快感的刺激和满足、生殖、不正当且需隐藏的观念等。但科学研究显示，有些人的性生活和常人不同，这些人被称为"性的倒错者"，其中的一种人在生活中似乎没有两性差别，只有同性才能引起其性欲，异性则不会对他们产生性的刺激，甚至是让他们害怕的对象。

这些性的倒错者也因有欲望的对象而达到常人所想达到的目的，但他们中有许多种变态的人，他们的性活动和一般人相差甚远——种类多，情形怪诞，所以，这与布劳伊格赫尔画作里用来表示圣安东尼的诱惑的种种怪物，或福楼拜描写的悔罪者面前走过的一大队衰老的神像和崇拜者相类似。其中属于第一种的，有些人没有生殖器的交合，而以其他器官或部位代替，不管有无妨碍和是否可耻；有些人虽以生殖器为对象，但不因性的机能，而因其他相近的机能，常人认为不雅的发泄机能却能引起他们的性趣；还有种人以身体的其他部位，如女性胸部、脚或毛发等为情欲的对象，甚至有以衣物来满足情欲的类型；还有种人受犯罪强迫观念驱使而泄欲于死尸。属于第二种的，有的人性欲目标只是常人性的预备动作，或观摩，或窥视别人最秘密的行动，以求性欲的满足；有的则裸露不该裸露的身体部分，模糊地希望对方也做类似的动作；还有些虐待狂，专门想给对方苦痛和惩罚，轻点儿的，只想让对方屈服，重点儿的，直至对方身体受重伤；另外还有一种被虐待狂，他们只求对对方屈服，或受对方惩罚。还有些人兼有这两种病态特征。这两大类性反常者中，每类又可以分为两种：一种是实际中求以特殊方式达到性欲的满足，另一种只满足于幻象。

现在，我们该以何种态度看待这些变态的性满足方式呢？愤怒厌恶显然没有用，又无法回避。若我们不去了解这些性的病态的方式而使它们和正常的性生活联系，那就无法了解正常的性生活。总之，我们要从理论上完满解释一切正常的性生活与倒错的关系。

我们曾说过神经症的症候是性的满足的代替，是将所谓"倒错的"性的需要看作性的满足。

众所周知，宿病能在身体的各个系统发生症候，能扰乱身体的一切机能。那些以身体的其他部位代替生殖器的倒错的冲动会在这些症候里表现出来。通过对癔症症候的研究，我们发现，身体器官除了原本机能，都有性的意味，且如果性对它们的要求太过强烈的话，可能会使原有的机能被牵制。因此，我们遇到的作为癔症症候的感觉和冲动不外乎变态性欲的满足。所以，我们能获得营养器官和排泄器官产生性激动的方式。性的倒错有同类现象且比癔症的症候更容易辨认。另外，倒错的性冲动属于病人人格的潜意识，而不是意识。

强迫性神经症的很多症候中，最重要的是因精力过度造成的施虐狂的性倾向的目标的变态。这些症候利用强迫性神经症的组织，主要是为抵抗变态的欲望，或表示其满足与拒绝间的冲突。但满足能在患者行为中以迂回方式达到目的，从而使他宁愿受苦。这种神经症还有别的方式，如过度烦恼或过分将正常的预备动作作为性的满足。由此能说明，这种病为何以接触的恐惧和强迫洗手占主要地位。多数强迫性动作都是变样的手淫，而手淫被看作各种性幻想的唯一基本动作。

详细阐述倒错与神经症的关系并不难，但我相信以上所说已达到目的。我们不能因为倒错的倾向在症候的解释上的重要性就夸大人类这些倾向的频繁和强烈。缺乏正常的性满足容易引起神经症。事实上正因为这种缺乏的结果，才使性需要转为性激动而寻求变态的发泄。这种"侧面的"阻碍会增强倒错冲动，因此，正常的性满足若没有被妨碍，倒错冲动的能量就会比较小。有些例子还显示，性本能或暂时受阻、或永久受阻而难以获得正常满足也会导致明显的倒错状态,但其他例子则显示倒错的倾向与这些条件无关,它们似乎就是某人性生活的本来状态。

也许这样的解释使得正常性生活和倒错性生活的关系更加混乱,但如果性满足存在阻碍或缺乏,的确能让原本不显露倒错倾向的人表现出倒错倾向,那么,这些人体内是潜伏有倒错倾向的,这就能证明以上所说。据精神分析研究,孩子的性生活也有研究意义,因为分析症候引出的回忆或联想经常可以追溯到幼儿或婴儿时期。经研究证实,一切倒错倾向都源于童年时期,孩子有倒错的倾向及行为,并和他尚未成年的程度相符。

儿童期性欲

现在,换个角度来看倒错问题,以下这些新发现可能会让你们不愉快:第一,你们一定不认同孩子也有性生活,也不认为孩子的行为和后来倒错的行为有任何关系。你们认为孩子没有性生活,直到 12～14 岁才突然获得,而这在生物学上不成立,是荒谬的。事实上青春期引起的是生殖机能,你们的错误在于没分清性生活和生殖。这个错误的起因在于你们曾是孩子,而且曾受教育影响,而教育的最重要社会职责之一是让性本能接受约束和控制。

教育家根据经验知道孩子的性意志的陶冶须尽早,所以选择在青春期之前控制孩子的性生活而不是在其本能爆发以后。教育的理想是使孩子的生活成为"无性"的，久而久之，使得科学也深信孩子没有性生活，孩子于是被假设为纯洁的、天真的。

然而，孩子们却不理会这些规律，他们自然地暴露自己的欲望。在我描述孩子最明显的性的活动之前，请你们关注"力比多"一词。力比多和饥饿一样，是种能量、本能，饥饿时为营养本能，在这里是性的本能，表示凭借这个能量达到目的。神经症的解释多与孩子性的活动有关，这解释的基础即为分析的研究，由某个症候寻求原因。婴儿的初次性激动和其他关键的生活机能关系密切。大家都知道婴儿最关注吸取营养，当他对在怀抱里熟睡而感到满足时，那神情和成年时得到性的满足后的神情相近。但我们会发现婴儿没有真正吸收养分时仍会反复重复吸吮营养时的必要动作，因此，这并非他们因为饥饿而被迫做出的动作，我们将这个动作称为"lutschen"或"ludeln"。婴儿做这个动作便能进入满足状态，看来吸吮动作能让婴儿获得满足，婴儿不先做这个动作便不想入睡。首先，提出吸吮动作带有性意味的是布达佩斯的儿科医生林德纳，这获得了保姆和照顾婴儿的人的认同。他们坚信获得快感是这个动作的唯一目的，并将此称为孩子的"恶作剧"。如果他们被迫取消这种动作，便会用哭闹的方式迫使外界放弃。所以说，婴儿的动作只为获得快乐，这种快乐最开始是在吸收营养时感受到的，不久他便能独立获取这种快乐。这种享受以嘴和嘴唇为重点区域，所以我们称身体的这些部位为性觉区，并认为吸吮的快乐有性的意味。

如果孩子能表达自己的想法，他们一定会承认在母亲怀中做吸乳的动作对自己非常重要，因为这个动作的确同时实现了生命中两种最大的欲望。吸乳是整个性生活的起点，是之后各种性满足的雏形，当欲望需要满足时，幻想便借此自慰。吸乳的欲望包含追求母亲乳房的欲望，母亲的乳房便是性欲的第一个对象。一旦孩子能为吸吮而吸吮，他们就会用自身的部分代替这个对象，比如他们会吮吸自己的拇指或口舌。这时，他们不用借助外部事物便能获得满足，并为增加快感而将兴奋扩大到身体的第二个区域。性觉区域能产生的满足本没有相同的强度，正如林德纳医生所说，婴儿在自己身体上到处抚摩，觉得生殖器的区域非常具有刺激性，于是就放弃吸吮转而手淫，这是一个重要的经验。

我们的注意力因为有关吸乳动作性质的评价而转向了婴儿性生活。婴儿为了满足自身的基本欲望，产生自淫行为，即在自己身上追求性的对象。卢·阿德里安曾说，外界的压力干涉孩子追求这种快感的欲望，所以孩子初次感受到了成人才会经历到的内外冲突。正如他们不能随处排泄。大人为了让他们放弃这些快感，便告诉他们关于排泄的一切都是不文雅的，必须隐藏，他们只能放弃自己的快乐来换取他人心目中的价值，而他们自身对排泄的态度在一开始时并非如此，他们并不排斥自己的粪便。即使受教育让他们放弃了这些倾向，他们依然不会把排泄当作不好的事物。

你们一定还在为孩子的性活动和成人性的倒错间的关系感到惊讶吧？这是自然就有的关系。孩子除了很少模糊的迹象，并没有把自己的性生活转为生殖机能，因此，孩子的性生活必然是倒错的，而且对生殖目的的放弃乃是一切倒错的共同特点。性活动是否为倒错的，其标准要看它是否仅为性的满足，而不将生殖作为目的。所以，性生活的发展在于遵从生殖的目的，未发展到或不愿遵从生殖目的，仅以满足为目的的所有性的活动，都被称为"倒错"，也因此被蔑视。

需要强调的是，孩子的性生活源于本能，这些本能有的寻求自身满足，有的寻求从外界对象上获得满足。在身体的各项器官中，生殖器官最具势力。有些人从婴儿期一直到青春期后，不断用手淫寻求自身性的快乐和满足，而不用其他生殖器或对象。

性好奇

虽然我不想扩大讨论范围，但孩子的性好奇须略加叙述。好奇是孩子性生活的特征，是形成神经症症候的要点。孩子对性的窥探比较早，有的在3岁之前。性窥探对象未必是异性，性别差异对孩子来说并不重要，因为他们——特别是男孩——常常认为人的性器官应当是相同的。当一个男孩偶然发现女孩的性器官与自己的不同时会很惊讶，甚至恐惧或被"阉割情结"控制。如果他仍健康，这便是他性格的成因；如果他变得病弱，这便是他的神经症的成因；如果他接受分析治疗，这便是他反抗的成因。女孩则会发现自己缺少阴茎而感到欠缺，而妒恨男孩，产生想成为男人的欲望，之后如果不能有相当的女性性向发展，这个欲望就可以在神经症中被看到。另外，童年时期里女孩的阴核相当于男孩的阴茎，也是一个非常富于刺激性的区域，可用以自求性的满足。当女孩成为妇人，则要尽早把这个刺激的感受性从阴核降位到阴道口。性迟钝的女性，就是因为阴核一直保留了这种刺激的感受性。

我们扩充"性的"概念的目的，只为将倒错者和孩子的性生活囊括其中。至于精神分析之外的"性"，是狭义的为实现生殖机能的正常的性生活。

男人的对象选择

男性选择对象的特殊条件

精神分析家在治病时能深入患者的情欲世界，获得深刻印象。甚至有些身体健康、德智超群的人，也有和患者相同的症状。如果能收集足够的资料，方便得到一些明确的印象，便能帮助精神分析家把人们的恋爱方式归纳为许多种不同的类型。

男人选择性爱对象有许多类型，我首先利用精神分析法

弗洛伊德：灵魂与身体总有一个在路上
fu luo yi de
ling hun yu shen ti zong you yi ge zai lu shang

解释一种非常特别、常常让其他人不理解的类型。

这类人的爱情选择最明显且不可缺少的条件是在任何条件下，都不能缺少被伤害的第三者，即他们绝不会爱上少女、寡妇等没有归属的女人，他们爱上的女人一定是被别的男人所爱或占有的——不管是丈夫、未婚夫还是情人。极端病例中，那些无所属的女人激不起他们爱的欲望，甚至会被他们看不起，直至她们被别的男人爱或占有时才能激起他们的爱欲。

这类人的爱情选择还具有一种不多见，但也惹人注意的条件，就是对纯贞的女人没兴趣，只有性生活不检点、不纯贞的女人才能激起他们爱的欲望。

这类人的爱情好像不能没有这两个条件，即敌对情结和嫉妒情绪。对他们而言，只有嫉妒，才能让其内心沸腾，对象的价值上升到至高位置。他们非常关注女人的行为，不放过蛛丝马迹，欲火随之上升。但他们嫉妒的对象并非她们的合法占有者，而是她们新结交的朋友，甚至是可疑的陌生人。他们总以保持三角关系来代替独自占有，从而获得满足。我碰到过这样一个病例，患者总因为情妇的放荡而闷闷不乐，但听说她要结婚时却非常赞成。之后许多年，他并不嫉妒她的丈夫。还有一个例子，男方很嫉妒自己初恋女友的丈夫，一直坚持要女方离婚，但她的丈夫的态度改变后，他却不在意了。

性爱与文明

这些人对待自己的恋人的方式有两种。

第一，常人一般看不起的放荡女人，被他们视若珍宝。女人越放荡，他们爱得越疯狂。与这种女人相爱，常常令他们不能自拔。他们认为，只有这样的女人才值得爱，而一旦爱上又要求她们对自己忠诚，这难免会遭受挫折。这种男人爱上的时候非常专一，但这种另类的爱情会在他们的生活中不断出现，不断重复。

第二，他们想成为爱恋对象的拯救者，坚信对方需要他们，如果没有他们，她们会很惨。所以，他们必须保护她们，保护的前提是要管住她们。我们尚能理解对她们放荡惯了或生活没有依靠的保护，但问题是在并非如此的情况下，这种保护冲动依然很强烈。

我们回顾一下，这类人爱的女人必须属于别的男人；她们轻浮放荡；他们有疯狂的嫉妒心；他们的爱并非一生只专心于一个女人；他们对爱恋对象有特殊的保护冲动等。当我们用精神分析法对他们的性生活进行透视时发现，这些男人选择对象方式的渊源同正常人大致相同，即幼儿时对母亲的留恋。

这种留恋可能只是多种表现中的一种。正常人选择的对象可能还保留对母体的留恋，但使原欲脱离母亲的意象还是很容易的。可是这类人的原欲在母亲身上保留得太久，即使过了青春期，母亲的特征仍深刻影响着他们对爱人的选择。

弗洛伊德：灵魂与身体总有一个在路上

从他们"所爱的女人必须属于别的男人"的条件看，在家庭中长大的男孩眼中，母亲属于父亲；他们在恋爱中表现出专一性是因为他们认为恋人在自己心目中是独一无二的，这与幼小的男孩的观念相似。他们认为，一个人只能有一个母亲，与母亲亲近不能让别人代替。

若这类人选择的恋爱对象确实是母亲的替身，那如何解释"他虽每次都爱得疯狂，却免不了一次次变换恋人"的矛盾呢？

从其他的精神分析中，我们曾发现这样的规律：人的潜意识里对某种独一无二、无可代替的东西的热恋会呈现一种无休止的追寻。这是因为，替身永远不能像真身那样满足他们的欲望。正如孩子在到了一定年龄后，会表现得好问，这是因为他们本想只问那个最关心的问题，却说不出口。

至于"选择的对象须淫荡"的条件似乎和母亲的意象矛盾，没有因果联系。在成年男子心底，母亲像女神般纯贞。当和别人交谈时，自己母亲的德行稍被怀疑，他们便会感到莫大的耻辱，若自己也开始猜忌，便会更加痛苦难堪。母亲与荡妇间的鲜明对照，提示我们应对恋母情结和恋淫荡女人情结的发展历程深入研究，我们仅能从潜意识中寻找其关联。

我们早已发现，这两种在意识中相互排斥的情结可能在潜意识里属于一类。差不多在孩子青春期到来之前，他们多少会听到一些关于成人性生活的流言，这些流言经常存在贬低性生活的字眼，这对成人性生活的了解和大人在孩子心中的形象很不相称。

那些初次听说这些事情的孩子，会首先想到自己的父母。很多时候，他们会反驳："你爸妈才那样，我爸妈才不会。"后来，他们又慢慢得知有很多女人靠性交维持生计，这些人大多被唾弃。男孩还不能理解其中的缘由，但当他们了解到这种女人可以帮助自己进入性生活领域时，便对这些女人产生一种既渴望又害怕的情感。进而，他们不再相信自己的父母没有这种人人皆有的性行为了，于是，他们会想既然父母做的和她们做的没有本质区别，那么母亲与妓女也就没什么差别了。再加上此时他们获得的见闻挑动了婴儿时代的印象的复活，最后，在这些新知识的驱使下，他们再次陷入想得到母亲而仇视父亲的俄狄浦斯情结中。

让他们郁闷的是，母亲只和父亲性交，他们则不可以。这种激情不能很快消失，就只能用某种方式宣泄。于是，各种荒唐的幻想造成的性刺激迅速增强，最后以"自淫行为"为解决方式。因为恋母和仇父倾向总是同时出现，他们便很容易幻想母亲不贞。幻想中，母亲的情夫和男孩自身有相同的性格，他们希望自己能长成为可以和父亲相媲美的样子。

当我们了解了孩子在这一时期的心理发展情况，便能理解他们为何要求女人放荡了。

通常，拯救爱人的冲动和现实生活中的爱情幻想并没有必然和确定的联系，只有一些松散的关系，即他们所爱的人放荡、不专一，他们就有责任尽力保护她，这种保护就是让她注意自己的贞节，不再继续放荡下去。

拯救冲动

通过研究遮蔽性记忆、幻想及梦，我们可以知道，这种解释仅对潜意识动机的一种恰到好处的因羞于承认自己某种行为或思想的潜在动机，而以一些看似合理的理由搪塞。正如"双亲情结"，当一个孩子得知父母给了自己生命，他的感恩之情便会促使他产生长大后自力更生并回报父母的愿望。

我们可以假设，男孩为维护自尊心，会说："我不想从父亲那儿得到什么，他现在给我的东西，将来我一定要还给他。"为此，他能产生多种幻想，比如从某个灾难中救了父亲，报恩后，便与父亲断绝了关系。这种幻想多数情况是伪装后才进入意识的，因此拯救的对象通常不是父亲，而变为皇帝等大人物，这些幻想也经常成为名诗素材。若拯救的只是父亲，这便意味着他要保持自尊；若拯救对象是母亲，包含的是感恩的温情，但拯救还可以改变方式，就是给她个孩子，或让她再生个孩子——当然，这孩子必须像自己——这种改变看上去是合理的，因为两者相似。母亲给了自己生命，报答的办法是还给她一个与自己相似的孩子，这就是所谓拯救的实质。在这个拯救幻想里，他无意中用自己代替了父亲，期望自己做自己的父亲时，他的天性、恩情、欲求、自尊、自立等都得到了满足。

在这种含义的转换里，不曾失去拯救所包含的危险意味。因为生命的出生本就是一种危机，这个生命借助母亲的苦难存活下来。出生这第一次危机就是之后遇到的各种危机的原型，它在人的内心留下了深刻的印记，重复形成了所谓的焦虑情绪。人们对这第一次危机有说不出的害怕——苏格兰一个传说里，主人公马克多夫就因为不是从母亲的阴道中出来的，而是从她的子宫中直接掉出来的，而不知何为恐惧。

古代解梦家阿特米多鲁斯曾说，同一种梦的意义经常因梦者不同而不同，所以解释便也不同。根据这种潜意识里思想表达的规律，"救人一命"的意义因幻想者性别的差异而有所区别，即男人让人生孩子并加以抚育，而女人则自己生孩子。拯救冲动在梦和幻想中的作用很重要，而当梦或幻想和水相关时，其重要性会更明显。在男人的梦中，如果他从水中救出一个女人则意味着他让她怀孕；而当一个女人梦见从水中救出别人时，则暗示这个人是她生的。

拯救父亲的幻想有时也有感恩的温情。这种情况下，所表达的意思是将父亲换位成儿子。在所有拯救和双亲情结相关的例子当中，只有想拯救自己爱的女人的冲动，才是这类人的典型特征。

对于大多数人来说，他们仅有一两个偶发的能被注意到的特征。若我们不寻找原因，只从偶然反常现象出发，是不会得到确切答案的。

情欲退化现象

心理性阳痿

当你询问一位从事精神分析的医师"最常见的病例是什么"时，他会立刻告诉你：排除复杂多样的焦虑症后，就是心理性阳痿了。这种怪毛病经常发生在性欲很强的男人身上，主要表现是，在性行为开始后，性器官不肯合作，但他能举例证明这之前和之后，他的性器官是健全的，即便是性交时，他急于泄欲的心理驱动力也很强。

有这种症状的人很多对此有所察觉，发现只有和某些女人做爱时才这样，和别的人就不会。他认为自己的男性机能好像被女方的某种品质抑制了，有时他还有忍受这种抑制的感觉，好像内心存在一种阻力干扰意识行使自己的意向。但他不知道这内在的阻力是什么，也不知道女方身上的哪种品质会诱使阻力产生。

如果他在同一个女人身上次次如此，便会认为这是由第一次失败导致的。但第一次为何失败？是偶然吗？

针对这种心理性阳痿，许多精神分析学家经研究后认为，这种现象显然是由患者内心的某些无意识情结的影响力造成的，即患者不能克服对母亲和姐妹的乱伦性固置。婴儿期经历的痛苦印象偶然呈现，再加上各种别的原因，便使他在女方面前有"性力"不足的感觉。

经过详细的精神分析研究，较严重的心理性阳痿者，经常被原欲在成长过程中滞留，不能到达正常状态的心理支配，这或许是病源所在，很可能所有精神失常者都这样。

通常，健康正常的爱情要依靠温柔又执着的情和肉欲的结合，但在这些病例中，这两者没有结合。在这两种感情中，执着的柔情出现较早，它发生于婴儿期的几年里，在自卫本能的基础上形成。这种感情的对象通常是家庭成员或其照顾者。这种感情一开始便有性本能的参与，这在一般婴儿的早期生活中能够观察到，并在分析成年心理症患者时被揭露。这种柔情实际表现了婴儿期的性对象的选择。于是，性本能和自我本能一起发展。当自卫本能的肉体需要得到满足时，性本能便也获得了满足。亲人及保姆对婴儿的疼爱常常不自觉地表现出的色情意味，更加重了婴儿的色情因素，在达到一定程度后，便不可避免地影响其未来的发展，同时，还有别的能够帮助指向这个共同目标的其他环境因素。

这种婴儿挚爱之情的固置发展到儿童时，已吸收了很多情色元素。不过，这时还非常隐蔽，至少表面上不把性当作目标。青春期到来后，强劲的肉感元素加入其中，原先隐藏的情感目标便显现出来，它沿着早期预定的线路发展，并将

弗洛伊德：灵魂与身体总有一个在路上

此刻强大的原欲投射到婴儿期首次选择的对象上。同时，对乱伦的防御的确立，打消了他与此对象发生性关系的可能。由此，他便开始尽可能快地摆脱这些对象，而到别处寻找。这次选择的新对象与婴儿期选择的对象不仅形象上相似，而且逐渐获得了原本属于母亲的眷恋的温情。男人必须离开父母亲，和他的妻子相处。这样一来，这两者便合而为一了。顺此下去，肉欲之情具有的强大能量会过高估计性爱对象，而将她视为天仙。

原欲能否正常发展，由以下两种因素的具体状况决定：一是在现实中没有找到适宜对象，二是对那些必须放弃的婴儿期的对象的迷恋程度。如果这两种因素非常强大，那么导致心理症的一般性机制就形成了。这时，原欲便脱离了现实世界而沉醉于幻想。它会强化婴儿期性对象的印象并固置。但防止乱伦的障碍仍存在，所以，原欲只能在潜意识中活动。

这时，肉欲只能发泄在潜意识里的对象上，当它通过自淫得到满足后，固置又加深了。以自淫结尾的幻想虽在意识上以外在对象为对象，但在潜意识里依然是原欲性对象的替代品。通过替代作用，幻想顺利进入意识。此外，这种替代对原欲转向外界没有什么影响。

可以说，一个年轻人可能还固置在乱伦的幻想上，这样的结局很可能是彻底的阳痿。患者的性器官或许正好较弱，但这种颓弱是次要的，它只是让前一种因素更加明显，轻度的则会导致心理性阳痿症。肉欲并非要藏身于眷恋的温情，它可能非常强烈而不受阻止地在现实中找到出路。这种人的性行为有非常明显的征兆，容易识别。因为丧失了本能中应有的巨大精神能量，所以经常多变、容易激动和笨拙，却得不到什么乐趣。它极力避开任何柔情蜜意而把对象选择严格控制在一定范围内。肉欲仍然活跃，但只寻求不会激起另一面情感的对象。而那些值得相爱、敬重的女性，却激不起他的肉欲。所以，这种人的爱情生活有两种不同的层面，即圣洁与世俗。对真正爱的人没有性欲，对可以引发性欲的女人又不爱。为了不让自己的肉欲污染爱的对象，他便找不爱的女人发泄。当受敏感情结与被抑制物像恢复这两大定律支配时，偶然遇到一个与他潜意识中的对象相似的女人，便会让他认为眼前的女人是必须避免的性对象，从而出现心理性阳痿的现象。

当性对象和乱伦对象相似时，他便会高度评价性对象。若想避免这种痛苦，就要抑制高估性对象。等对性对象的评价降低时，性功能便能高度发挥——与正常人相反或错乱的性行为才能实现这个目的——只是因为爱面子，他宁愿寻找地位低下的女人。

性抑制是在整个发展过程中，受婴儿时的固置和后来的乱伦防御的阻碍后，在现实中屡受挫折的结果。但是，为何有的人能克服这种阻碍，有的人却不能？既然涉及的因素每个文明人都有，为何这种心理性阳痿不是通病？要解释这个并不难。我们知道，量的因素对疾病的形成与否有着决定性的能量。只有其中的每个因素都达到一定的量时，疾病才会显现。

性无能

女人在这个文明的世界里同样被教养误导，并会因男人对她们的态度而变得更严重。女人一般不会高估男人，所以她们不需要降低性对象的价值，但因为她们长期被迫躲避性爱，导致她们的感性欲求只能在幻想中寻求满足。这便产生了一个严重的后果：因为长期将色情活动视为淫乱，所以她们已变成精神上的性无能者，而当真正的性活动合法时，她们已成了性冷感者。当她们从掺杂忌讳的性生活中得到性兴奋时，又无法从她们丈夫那里获得这种偷情的乐趣。

女人需要犯禁的爱情生活和男人需要降低性对象价值有异曲同工之处，都是受社会伦理与性成熟、性满足长期作用的结果，都是为克服情、欲结合不良而造成的心理性无能。不同的是，女性在等待中不曾逾越性活动的抑制将犯禁与性爱混为一体，男人则通过降低性对象水准冲破禁制，在之后的正式爱情生活中也是如此。

现在我们来探讨一些和性本能有关的现象。有这样一种状况，当人们结婚后性欲可以发泄时，却得不到完全的性满足。不难理解，当能够阻碍人们获得满足的自然力消失后，人们会想办法建立一些人为或习俗的阻力，这样才能享受真正的爱情。当性欲能顺利得到满足时，爱情就没有价值了。随后，人们便重新制造阻碍以挽救爱情的价值。因此，基督教的禁欲才大大提高了爱情的精神价值。

所以，想要性本能欲求和文化规范达成妥协是不可能的。文化越发展，人们越会遭受灾难和威胁，这源于一种猜想：顺着文明发展形成的各种不满足感，是性本能在文化约束下畸形发展的结果。当性本能因屈服于文化而得不到完全满足时，那些无法满足的部分便大量升华而创造出伟大的东西。反之，若人类性欲得到全面满足，就没有能量转移到其他方面而只沉醉于性的快乐，社会就不会发展和进步了。

所以，正因人类的性本能和自存本能之间的相互抗衡，促进了人类文明的发展，同时也对一些弱者构成了深陷心理症而不能自拔的威胁。

处女禁忌

原始童贞禁忌

在文明社会中，男人在追求女人时，都会很自然地关注她是否是处女，但被问到原因时，却又不知如何回答。其实，这是男人因"一夫一妻制"而产生的想完全占有一个女人的愿望，不过是把独占女人的行为延伸到过去罢了。

人们对处女的看重，以及当前的环境和教育，使少女小心留意不去和男子发生关系，从而使她对爱欲的渴望受到阻止。当她冲破阻力，选择一个男人满足自己的爱欲时，便会终身依附他，而不再与别的男人有这般深情。婚前的长期孤寂非常有助于男人放纵地永远占有她，使她在婚后能抵御外来的诱惑。

下面讨论原始民族对处女价值的看法。

也许有人认为，原始民族中的女孩多半在婚前已失去童贞，但并不影响她出嫁，看来原始民族不关注女人是否为处女。但我认为，他们非常重视夺去女人童贞的仪式，并成为原始民族的一种禁忌。也因此，习俗不容许她的新郎去做这件事，以免他违背禁忌。不在结婚时弄破处女膜的行为在原始民族的习俗中非常普遍，如卡洛雷所叙述的："在婚前举行的这种特别仪式中，由新郎以外的某个人穿破处女膜，这种习惯在低级文明中很常见，特别是澳大利亚。"

大家都知道，穿破处女膜会流血。而原始民族视血为生命的源泉，十分畏惧流血，这点可以作为禁忌的第一种解释。这种流血禁忌，在性交外的其他方面也有各种社会规范，如月经禁忌，也是受这种观念的支配。原始人对每月必来的神秘流血现象，认为是什么伤害了她们，所以把行经，特别是初潮解释成由某种精灵鬼怪撕咬所致，或是与某种精灵性交的结果。

第二种解释也和性无关，且它比第一种解释更为普遍。根据这种解释，原始人好像永远处于焦躁的期待中。他们总是焦躁不安，当遇到新奇、神秘、怪诞、不合常情的事物时，这种焦躁的期待便会越来越强烈，它还造就了很多牺牲或奉献的祭典和仪式。很自然，当人们刚开创新的事业、刚跨入人生新里程、儿子就要出生时，都会产生一种特别的期待，与此同时还有焦虑，成功与失败的结局会同时出现在大脑里，让人坐立不安。这样，人们便想出通过某种仪式以获得神的庇佑。婚事也如此，结婚时的第一次性交对他们而言非常重要，因此事先要用仪式保护它。这里，人们既有对新奇的期盼，又有对流血的恐惧，两者相互加强，第一次性交便成为难关，冲破会流血，这使期待的紧张更加厉害。

第三种解释则认为处女禁忌是性生活中更大禁忌的组成部分，并非只有第一次性交才是禁忌，更进一步，女人本身就是禁忌。这么说，是因为每次与女人做爱都得通过重重阻碍。虽然原始人偶然也会忽视这些禁忌，但很多时候并不会。他们在做这类事情时，有文明人难以想象的复杂。男人做大事时不能和女人行房事，否则会因精力衰竭而遇难。日常生活中，他们也习惯分居。所以，经常是女人和女人住在一起，男人和男人住在一起。这种分居状态会时常因性需求而打破，但在很多部落里，即便是夫妇间交合，也只能在户外隐秘的地方进行。

性冷淡

人与人之间有"人身隔离禁忌",我们能由此找到对自己与别人的细小不同之处的自恋,也因此能解释为何人们不容易做到情同手足或爱每个人。

然而,女人普遍具有的禁忌特征仍不能让我们完全理解为何要对处女的第一次性行为进行特别的限制和规定。对于这一点,我们只能用畏惧流血和对新事物的恐惧来解释,但这两点理由并未涉及仪式的关键。

正常的女人做爱到达高潮时通常会用双手紧紧抱住男人,这或许表示感恩,表示自己此生都将属于这个男人。但女子初次做爱并不美好,她兴奋不起来,也不会感到满足,甚至会失望——想体会做爱的快乐还需要一段时间,有些人则会一直冷淡下去,尽管丈夫温柔体贴、热情备至。据我所知,女人的这种性冷淡经常被忽视。然而,若不是因为丈夫性能力有问题,这种性冷淡就得从别处寻找答案,并且应该像分析男性性无能那样仔细研究。

有些女人在初次性交后,会以粗暴的方式对待男人。我曾分析过这样一个患者,她很爱自己的丈夫,经常主动求欢,而且每次都很满足,但事后会忍不住憎恨。我分析,这种矛盾的行为是经性冷淡变化的。一般女人的性冷淡是纯粹的,她心中的憎恨不自觉地压抑着她对性爱的激情,但从不表现出来。

病态的女人却把爱与恨分得很清楚，并按时间顺序将矛盾双方先后表达出来，这和强迫性心理症中的"两元运动"的发生原理相似。既然破坏一个女人的童贞会引起她长期的敌视，那她未来的丈夫自然会避免破坏她的童贞。

经过分析，我认为在女人内心深处看到的造成这种矛盾表现的某些冲动可以用来解释性冷淡。初次性交常会激起许多不属于女人本性的激情，其中某些或许不会再出现。或许女人初次性交难以忍受的痛苦就是原因，可如果只是肉体的痛苦，为何会造成这么严重的后果？

实际上，在肉体痛苦背后，还有自恋心理受到冲击引起的心灵伤害，这一般表现为失去高贵童贞后的哀怨。从原始民族的祭典仪式中能看出这种痛苦对性冷淡不那么重要，这种仪式常分为弄破处女膜和正式性交或象征性交的姿势两部分，但这里的性对象不是自己的丈夫，所以这种仪式不仅是为了避免新婚之夜的肉体和精神痛苦，还有别的内容。

现代文明社会的女人常常因第一次性行为不像她渴念的那样让人愉快，而产生强烈的失望情绪。因为在这之前一直对性欲抑制，所以当面对合法性交时难免羞涩和担心。很多年轻女子面对即将到来的佳期，常常做出一些可笑的行为，把做爱时的微妙感受当作神秘的事情。女孩们认为，若被别人知道了爱情，它的价值就没有了。这种想法如果不正常地发展下去，就会压制其他因素，从而影响婚后情欲的强度。

弗洛伊德：灵魂与身体总有一个在路上

这些女人往往对合法的夫妻关系感到不满足，而对秘密偷情很狂热。

但是，这种动机处在心理的浅层，只在文明社会中存在，不能解释原始文明。影响这个禁忌最重要的因素需要到心理深层发掘，即从原欲的发展过程中寻找。分析学研究发现，人们的原欲总是强烈附着在原始对象上，童年时期的性爱目标不会消失。对于女人，她的原欲最初固置在父亲或代替父亲的兄长身上，这种恋情一般不会直接交合，最严重不过是在心底描绘出模糊的轮廓。这样，丈夫最多只是原始对象的替身，而不是真正的依恋对象。对丈夫的爱，只是退而求其次的结果。丈夫得到满足的程度则由固置（恋父情结）能量的强弱和持续性决定。所以，导致性冷淡的最终原因与形成心理症的根本原因相同。不过在女人的性生活里，理智因素越多，原欲之力就越能抵抗初夜交合带来的震惊，也就越容易抵抗男人对她肉体的占有。这种女人的心理症被压制，但性冷淡却凸显了。若她正好碰到性无能的男人，这种冷淡就会更严重，甚至会引发别的心理病。

从更深一层来说，女人产生既爱又恨男人的矛盾心情源于一种动机，性冷淡同样与它有关。女人初次性交时，除了上述情感，还有一种完全违背女性机能与职责的冲动。从很多女性心理症患者身上能看出，她在小时候的一段时间内，曾非常羡慕兄弟们的阳具，并因自己没有而自卑，认为是自己受了虐待才这样。这种情结显然包含"希望成为男性"的隐意，这又和阉割情结相关。

总体来说，女人初次结婚时失去童贞，是社会用来使一个女人固定依附于一个男人的方式，又非常不幸地激起了她对男人原始的恨。这种矛盾有导致疾病的可能，但多数情况只是抑制了性交的快乐。很多女人的第二次婚姻远比初婚美满，也能说明这个道理。到此，便能说明这乍一看让人不解的处女禁忌的缘由了。

有趣的是，精神分析学家常碰到这样的女人：她心中同时存在臣服和敌对两种态度，两者常互相纠缠，有时同时出现，有时同时消失。她常冷漠地对待自己的丈夫，又离不开他，每当她试图去爱别人时，眼前便又出现丈夫的影子，可实际上她并不爱自己的丈夫。分析中还发现，这种女人对丈夫的热情已消失，臣服却依然存在。她不愿摆脱这种束缚，因为她的报复还没有完成。即便是在这种情绪非常明显和强烈的案例中，女人也不了解自己内心深处的报复冲动。

性道德与现代人的神经质

文明的性道德

艾伦费尔斯在关于性伦理学的书中曾指出自然的性道德和文明的性道德的差异。他认为,自然的性道德是某个种族为保持自身健康发展和旺盛而对其成员施加的控制系统,文明的性道德则是为了刺激人们更辛勤、更努力地从事文化活动。他强调,若把人类的天性与其达到的文化成就相比,就更容易认清这两种性道德之间的鲜明差异。

为了说明艾伦费尔斯的这个重要观点,我将引用他在这方面的一篇题为《性道德、神经系统和内心生活的交叉》的文章,也作为我对这个问题的观点的依据。

假设，当文明的性道德占绝对优势时，个体生命的健康发展与活动就可能受到损害。但当这种牺牲和伤害个人以文明为主的倾向超出某个界限时，必定有损原本的目的。艾伦费尔斯已经用一系列恶果来说明，并觉得目前流行于西方社会的性道德规则应负全部责任。虽然他绝对承认这种性道德在促进文明发展中的有利价值，但仍认为它需要改良。当今性道德的特点，是把曾经只对女人的那些要求扩展到男人的性生活中，并禁止夫妻之外的任何其他性生活。虽然如此，但因为男女间在性需求方面的自然差别，对男性偶尔的性出轨并不责怪，这事实上是承认了男人性道德的双重标准。一个存在双重道德标准的社会，必然不能做到热爱真理、诚实和人道，所以只能导致其成员堕落成不顾真理、虚伪和自欺欺人的人。

文明性道德的不良后果不仅如此，它鼓励一夫一妻制，却因此缩小了性选择的可能。既然在文明社会里生存竞争已因对人道和卫生的顾虑降到最低限度，那唯一能让种族品质得到改进或发展的因素就是性选择了。有关性道德造成的各种恶果，艾伦费尔斯遗漏了一种，即它加速或滋长了现代人的神经质或紧张不安，而且扩散迅速。有时一个神经症患者会主动要求医生关注他的性情素质和社会要求的对立，询问这是否是致病的根源。

医生们经常发现这些人容易患神经症，他们的祖父是粗

弗洛伊德：灵魂与身体总有一个在路上

犷并有活力的种族的后代，他们原本生活在纯朴的乡村，后来突然来到大城市并获得事业上的成功，自然就想培养自己的孩子，恨不得在很短时间内将孩子的文化造诣提升到最高境界。为此，各方都不断研究，精神病专家提出证据，证明这与精神病人的增多和现代人的文明生活有关。

要考察这种观点的可靠性只要用几个有名的观察者的看法便能得到。艾尔概括说："现代生活对之前所列举的各种导致神经质的原因在现代生活条件下是否有增无减？对此，只要你随便观察一下现代生活的种种特征，就能做出肯定回答。"

以下事实，能说明这个看法：人类只能通过巨大的心智努力来换取和保持现代文明的每个伟大成就，每个领域的创造和发明，以及在日益激烈的竞争中取得的每个进步。个人只有将全部心智能量表现出来，才能勉强应付生存竞争对个人能力的要求。同时，个人对享乐的欲求，也扩散到各个阶层。

暴发户突然过上了奢侈生活，漠视宗教、不满足和贪婪现象的扩散，全球通讯的膨胀，商业、旅游方式完全改变，人们总是忙忙碌碌，生活处于极度紧张状态。人们夜间旅行，白天谈生意，即使度假也不能使人们的神经系统放松。严重的政治、经济危机此起彼伏，波及全球，人们的生活不得安宁，那枯竭的神经全凭强烈的刺激和纵情才能振作些，之后，又会更加空虚和疲劳。

文学作品也不再带给人享受，现代文学更多关注最能引起争论的话题，它刺激肉感，让人追求愉悦，蔑视所有基本的道德准则和理想需求，它描写病态行为，描写性心理变态，把革命、反叛等各种奇怪的内容输入人们的大脑。各种嘈杂的音乐不时震动我们的耳膜，影院节目用最刺激人的方式冲击人们的感官，创造性艺术也发生转变，开始关注那些丑陋的、令人生厌的事物，它拒绝现实，毫不犹豫地将生活中最丑恶的部分展示在我们眼前。

宾斯枉格说："这些足以显现现代文化变迁中的各种危机，至于其细节部分，很容易便能想到。尤其是神经衰弱症，它已被形容成一种最有代表性的现代疾病。对这种病做出整体描述的第一人是贝尔德，他坚信这是一种仅在美国才有的新型神经症。这当然是不对的。但这种病出自一位非常有经验的美国医生之口，这足能说明它和现代生活方式之间联系紧密，在这里，那些放纵无秩的情欲，对金钱的追求，以及技术领域的巨大发展，让人与人的交流冲破了空间与时间的阻碍。"冯·克拉夫特·伊宾解释道："现在，在众多文明人的生活方式中包含了各种有害的因素，这些因素最直接，也将最主要地作用于大脑，精神病患者会增加也就不稀奇了。仅仅10年，文明人在政治、社会，特别是经济方面的情况就有很大改观，这种变化骤然提高了人们职业生活、公民权利和财产收入，却牺牲了自身神经系统的健康，因为获得这些东西自然增加了家庭和社会的需要，因此需要付出更多的精力，而这些精力的耗损不管怎样都是恢复不了的。"

　　针对以上的叙述，我想说明自己的观点，这并非说明它们是错误的，而是因为它们尚未通过详细的描述做出证明，并且漏掉了对其最重要的病因的分析。若我们忽略这种不确切的"神经质形式"，考察神经症患者的具体行为，文化的不良影响就不难集中在此，即文明社会中占绝对优势的性道德对文明人的性生活实施了不合理压制的后果。

现代文明建立在压制本能的基础上

　　经过临床观察，让我们区分出了两种精神性疾病，一种是真正的神经症，另一种是精神病。前一种不管是身体还是心智的症状，看上去都有中毒的症候。也就是说，这种症候是因某种神经毒素的过多或过少而引起的，这种神经症统称为"神经衰弱症"，不能从遗传方面找到它发病的原因，很多是因为性生活失调造成的，其发病形式与毒性性质的确有紧密联系。

　　很多情况下，仅凭临床观察就能知道患者性生活失调的原因。但在之前引证的有关文明造成的各种危害影响，在刚提到的神经症患者中却没有。因此，大致上可以这样说，造成这种真正的神经性疾病的原因主要是性。至于精神病，好像遗传原因更明显，但其真正病因还不清楚。当然，有种特别的研究方法，即精神分析法，让我们认识到这些疾患的症状都是心理性的，来自潜意识活动中多种观念化情结的作用。精神分析法还告诉我们，从广义上讲，这些情结的确有性的内容或意味。它们源于人未满足的性的需求，代表一种让人满足的替代性能量。所以，我们须将所有伤害性生活、压制性活动、改变性对象的因素都看作造成心理症的原因。

在理论层面，我们将毒性的和心理性神经症区别开来，其中的价值不会因为能同时在多数患者身上观察到以上两种病因而减少。每个认同"把性生活的不满足作为神经症成因"的人，都会认同我对这个观点的论证，即在更大范围内讨论现代生活中神经症增加的原因问题。

现代文明是建立在压制本能的基础上的。每个人都要做出如支配欲、好胜心、侵略性、报复心等倾向的牺牲，公众共有这些从牺牲中累积的文明的素材和精神财富。促使个人做出这种牺牲的重要原因是包含性的、根源的、家庭的情感远超过或驾驭生存竞争的结果。在文明的发展中，这种放弃是循序渐进的，并且逐渐被宗教神圣化了。个人牺牲本能的满足，并奉献于神明，所得到的公众利益被认为是神圣的；那些因为压制不住本能冲动的人，不顺应社会的要求而成为罪犯，除非他有显赫的地位或卓越的才华促使他成为一个伟人或英雄。

性的各种本能在人身上比在大多数动物身上更强大，持续时间更长久，它已绝对超过动物的周期性限制。它的很多

弗洛伊德：灵魂与身体总有一个在路上

精力都为文化活动所作用，这取决于它的强度不受目的变化的影响而保持。我们称这种把原本的"性目的"转变为与"性目的"有心理关系的"非性目的"能力为升华作用，这种作用对文明非常有用。但性本能又有与此对立的一面，即顽强的固置倾向，这种倾向使它即使退化、变态，也不愿因受到阻止而改变。如果性本能的原始能量因人而异，升华作用的能力也就各不相同了。一个人能将性欲升华为其他用途的能力由其体质和遗传因素决定。

另外，环境和知识对心理症的影响，也能使本能升华得多一些。但就像发动机热能不可能全部都转化成动能一样，本能中能升华的元素也不可能无限增长，不论多么努力。如果想让其他大多数自然本能和谐作用，某种程度性的直接满足是非常必要的；反之，将会伤害个人的生活能力，给个人带来无限的痛苦，甚至形成病态。

假设在人类发展早期，性本能并非为了繁衍而是为得到快感，那在婴儿期因得到快乐满足时，这种满足感并不只源于性器官，还有其他部位，所以孩子常执着于这些能给自己快感的区域，而非其他目标。我们称这个时期为自体享乐期，认为从事培育孩子的职责便是限定这一时期，因为若它延续太久会使性本能在以后不好控制，甚至变得无用。随着性本能的发展，它会从自体享乐走向"对象爱"，各个快乐区域的独立感受附属于性器官快感之下，这时，快感便和生育直接关联。在这个发展过程中，由自体之内引起的性兴奋的方式被压抑了。因为与生育没有什么关系，它们在适当的时候就被升华了。所以，文化发展的动力，大都是从对性兴奋中所谓的"错乱"元素的压制处获得的。

三个时期的性道德要求

与性本能的发展历程相对应，整个文化的发展历程也可以分为三个时期。第一个时期，各种不导致生育的性行为能够自由进行。第二个时期，除了能导致生育的性行为，其他都被压制。第三个时期，只有合法生育，才作为性的目标。目前流行的性道德就是第三个时期的代表。在这三个时期中，若我们以第二个时期为文明的性道德的标准，我们须承认，很多人因为本性而不能适应这样的要求。没有人能完整确切地完成上面所说的性欲的整个发展过程，即任何性欲发展都会受到阻挠。这样的阻挠将导致两种不利结果，或者和正常、文明的性爱相悖的两种偏离方式，这两种方式就像硬币的正反面。

一种是各种不同的性反常者的性欲被固置在婴儿期那种原始的性满足方式上，阻碍了主要的生育功能的确立。另一种是性颠倒者，因为性本能的自我调节能力，使性本能中的一种、两种或多种因素在发展过程中受阻而未获得发展，所以使性生活以其他形式表现出来。那些天生的性颠倒者经常因为性冲动能成功地升华为文明的东西而变得杰出。

假如一个人的性本能非常强烈却产生颠倒，这会产生两种可能的结果。第一种会轻视当今的道德标准，就算受阻也会将其性颠倒坚持到底；第二种则会因为教育和社会要求造成的压力使这种颠倒的性冲动受到压制，但并不是真正的压制，所以，我们称其为一种流产的压制。

在这里，抑制后的性冲动不再直接呈现却以其他方式表现，结果同样对本人不利。但因为他本人对社会没有太大用处，便和不压制时没什么区别。所以，这实际上是种失败，从长远来看，它完全抵消了压制成功带来的些许好处。性本能被压制后促成的替代现象，便是我们常说的心理症。

第二个时期内，任何反常的性行为都被禁止，但正常的性交能够自由进行。但是，在这里划分性自由和性禁止的界限，仍使很多人被认为是性反常者，另一些人虽拼命地摆脱这种反常，却也不免成为心理症患者。

因此，若性自由受到进一步限制，将文化要求的性道德标准提高到第三个时期，禁止合法夫妻之外的任何性行为，情形将如何？这时，由于性冲动较强大，因此站出来公开反对的人骤然增加。同样，性能力较弱的只能在文化和自身反叛天性的双向压力下痛苦挣扎，最后逃避于心理症中的人数也会增加。

这样，就出现了三个问题需要回答：第三个时期的性道德方面的要求，会使个人承受怎样的责任？在禁止其他性行为之后，唯一合法的性生活带来的满足，能提供足够的补偿吗？是否因为这种禁欲危害了个人，才对文化有利？

禁欲

关于第一个问题，我们需要对禁欲问题进行讨论。在第三个时期，要求男女在婚前都禁欲，不曾结婚者，则只好终身独处。很多权威认为，禁欲不仅没有坏处，还不难做到。但要控制如性本能这样强烈的冲动，恐怕耗尽全部精力也难做到，只有少数人能由升华作用使自己的性本能转而投入文化活动中，不过这种转移只能间断地出现在他们的生活中。那些性欲强烈的年轻人，想要做到这一点就非常难了。

而其他人，则要么犯罪，要么导致心理症。经验显示，在现代社会，多数人天性不适合禁欲。那些在中等程度的性压制下也会产生病态的人，无疑会病得更早、更严重。众所周知，若正常的性生活因先天不足或发展不良无法得到满足，最好的救助方法便是使其得到性满足。陷入心理症的倾向越大，禁欲就越不能被原谅。构成性欲的各种冲动被阻碍得越多，就越不容易精确控制。但就算那些能承受第二个时期特殊道德限制的人，在第三个时期也可能陷入心理症。性满足的机会越少，它在人类内心的价值就会增加得越多，受压制的原欲随时都会寻找发泄的办法，以至于从替代对象那里获得病态满足而形成疾病。深知形成心理疾病条件的人都相信，当代社会中心理症患者人数剧增的原因即当今社会对性本能的各种更严格限制的后果。

第二个问题，则有大量资料说明。需要明确的是，就算夫妻间的性行为，也受现代文明的性道德的限制与干涉。

通常，它仅允许夫妻间以少数几种能满足生育的动作寻求满足，为此，婚后美满的性生活只能维持几年，其间还要扣除因女方月经而须节制的时间。这几年过后，这种婚姻因为节育就不能满足性的需求，于是伤害了性感的愉悦，严重的会直接引发疾病。对性交后果的顾及，首先破坏了男女双方在爱抚时的美好肉体感觉，逐渐形成的由强烈感情引起的精神和情感的温情，也将随着对生育的顾及而消失。精神上的失望和肉体快感的减少让夫妻双方逐渐意识到自己陷入了比婚前更痛苦的境遇，因为现在连美好的幻觉都不存在了，但他们只能尽力克制自己。经验证明，就算受到性道德的严格控制，男人也要充分利用剩下的些许自由去偷情，这种对男人的双重道德法则，进一步说明它要求的务必遵守的信条是他们很难做到的。同时，女人性需求的升华能力也非常有限。对婚姻生活的失望，不免让她们陷入持续且严重的心理症，终生受到折磨。所以，当今文化标准的婚姻，已不是女性心理症患者的良药了。

关于第三个问题，就算那些承认文明性道德会造成各种危害的人，也会说：性欲给整个社会带来的好处可能远大于危害，因为这种道德危害的毕竟是极少数人。我却认为，准确分析得与失是很难的，但我想在此论述这种文明性道德带来的损失，以引起人们的关注。

我们首先来讨论禁欲的问题。我认为，禁欲除了引起心理症，还会造成其他危害。当今教育和文化的目的是延缓青年人的性发展和性活动，乍一看这没什么坏处。但当我们想到现在受教育的年轻人通常比较迟才能自力更生时，这种延迟活动便显得必要了。

但努力禁欲的后果，可能会令性本能特有的执拗性和反抗性充分展现出来。文明教育要求的只是婚前的暂时压制，目的是让它在日后能自由发泄，以实现生育。有一些极端的例子，有些人抑制性欲比常人要成功，但会带来一些恶果。他们一旦能够自由发泄性冲动却又不知如何发泄时，就会造成永久的损伤。也正是如此，那些年少施行彻底禁欲的男人必定不会是好丈夫。女人对此大致有一些了解，因此她们往往会选择那些已在别的女人身上证明具有男子气概的男人。对于女人，婚前严格的禁欲会导致更严重的危害。教育竭尽全力抑制未婚女性的性欲，因此当她们获得自由时，便无法回报丈夫的爱情，肉体上的性冷淡导致她们的丈夫在做爱中得不到多少乐趣，丈夫因幻想的爱情生活很少出现而难免感到失望。我不知道那些违背文明开化的地区是否也有性冷淡的女人，我想是有的。但无论如何，每种性冷淡的病例都是直接由其接受的教育导致的。

这种女人因不知性的乐趣，便不想承受怀孕的痛苦，完成生育的责任。多年后，她们被遏制的性欲被逐渐纠正，其一生中性欲最旺盛的时候到来，久藏的爱情能量被唤醒，但与丈夫长期不和谐使得甜蜜的爱情关系不可能再现。最后，她们便只剩性饥渴的难忍、不忠或患心理症三条路可以选择。

女人虽希望获得一些性的知识，但她们的教育不允许，并认为这种好奇心不是淑女应有的，谁要往这方面想，就是道德堕落的预兆。所以，她们对所有心智问题的研究，都变得胆怯，连一般的知识也逐渐漠视了。这种禁锢会以两种方式从性领域扩展到其他领域，一种是自由联想，另一种是"自动化"或"潜移默化"。

坚持禁欲导致的所有不良后果几乎都指向这件事：它们毁灭了一切能导向婚姻的预备条件，但从文明的性道德看婚姻，却是所有性倾向的唯一目标。由于手淫或别的反常的性经验，很多男人的原欲对各种反常的满足习以为常，结婚后反而变得不自在，性能力也不能正常发挥。对于只能以反常手段保持童贞的女人，面对婚后正当的性生活会产生性冷淡，使得婚姻很容易被瓦解。一次激烈的性经验原本能克服女人的性冷淡，但不幸正好遇到性能力不强的男人时，她们的性冷淡感则会持续下去。这类型的夫妻因男方的性能力非常弱，不能经受避孕工具的束缚而使他们更难适应避孕操作。这种状况的性交自然没什么乐趣，也使婚姻的精髓消亡。

在任何民族中，这种对性活动的限制都会增加人们对生存的焦虑和对死亡的恐惧，这既打乱了人们享受生活乐趣的能力，又摧毁了他们的冒险精神和不怕死的勇气。作为一个医生，我参考艾伦费尔斯先生的意见，将文明性道德带来的恶果列举出来，并指明了其与文明人神经质增加的关系。我的补充和进一步分析的目的是让人们认识到实行性道德的改革已相当急迫了。